aska

aska

北欧料理
"星"浪潮

［瑞典］弗雷德里克·贝尔塞柳斯（Fredrik Berselius）著

美国 Gentl and Hyers 摄影工作室 摄影　魏蔚 译

华中科技大学出版社
http://www.hustp.com

有书至美
BOOK & BEAUTY

中国·武汉

目录

aska之晨

灯没打开，椅子径直靠在墙上，我站在餐厅的中央，透过窗户望向室外花园。一切如此安静。窗外树上的一片叶子缓缓飘落在桌面，宣告秋天的到来。餐厅后面的碎石路连接着酒窖和进入室内餐厅和厨房的门，由于昨晚的忙碌，它被踩得有些乱。这几天的清晨明显比前段时间凉了下来，但几小时后，我们仍然会感受到纽约夏日那股经典的热浪。室外的植物需要浇水了。

我站在这儿的几秒钟内，想法如高铁般在脑袋里飞驰。我感到疲惫。我想起了昨晚的晚餐时段，想起从澳大利亚远道而来就为了在我们餐厅庆祝结婚纪念日的夫妻，想起那对光顾我们餐厅无数次的夫妇，他们来这里的次数比我去任何餐厅的次数都要多，我还想起了洗碗间里的高温。慢慢地，我转了个身，看看这室内有什么东西摆错了位置。我穿过厨房进到洗碗间，同样检查了一遍。然后我退出这间小屋子，钻进厨房后面小小的办公室。电话机上闪烁着新信息的信号灯。等到前台同事上班以后，他们会在电话上一一确认。

我走出花园，被初秋清冽的空气猛敲了一下。踩在碎石路上发出的咯咯声在我整个身体里回荡。我穿梭走过种满植物并摆放着户外家具的花园，黑色的椅子靠在所对应的桌子边上，我转身透过三号桌旁的玻璃门回望整个餐厅。门窗上的玻璃所产生的倒影让人很难看清室内的一切。我想起了今晚的订位，试图把今晚客人们的用餐习惯、消费细节都记下来。而我们某道菜上菜的时候需要用到的剪刀又是否需要磨一磨了？我还挂念着包间餐桌上的一个刮痕……这所有的思绪被身后突然出现的鸟叫声打断。它随后又叫了一声，前后左右地扑腾了几下，最后飞跃到旁边的树枝上。我顺势抬头，观看着围绕着后院的一栋栋建筑物。我深呼吸一口，此刻，我想要沉浸。

作为第一个来餐厅开工的人，这段独处的时间很美妙，又奇异。餐厅是一个不停歇的嘈杂地。当这一天渐渐开启时，一切都缓慢又安静地启动着，但很快它便加速到全力状态。在沟通交流和互相协作的工作中，

其间似乎有种节奏，心跳声不断加速，越来越快，在它企图达到最高点时，这股节奏突然间又放缓，并一点点降速，在它完全停止前，又重新发动，这节奏便一直循环往复。在今晨的当下，我确切地知道，接下来的8小时时间里，我眼前这扇窗户后面的餐厅里会有无数身影优雅地穿梭其间。我明白整个团队会在属于我们的小宇宙里有序地忙碌，又或者是混乱，而在24小时以后，这场美丽的风暴会再席卷一遍。

我的思维持续跳跃着。本周的降雨量比往常都多，初秋的蘑菇应该很快就要来了。上州区也这样下雨吗？灌木丛里会有浆果残存吗？北边的夏季开始得晚，也去得早。

透过窗户，我的视线穿越过整个餐厅，我看到前门打开了。莫顿（Morten）和克里斯（Chirs）的到来宣布这一天正式开始。我要整理思绪，再将它放进小角落里，就像使用胶片电影放映机时，把胶卷都收起来，在胶卷完全停下来之前，它还会在滚轴上停顿两下。好了，开始吧。

序

当我下决心把厨师当作谋生职业的时候，我也决心要开一家自己的餐厅。它在早期就成为我的目标：从食物、就餐以及餐厅本身来表达我自由的创意和灵感。

相对而言，我开始厨艺生涯比较晚。在我青少年时期的尾声，我涉足厨房工作，但直到我20岁出头，我才认真地意识到这是我应该追求的事业。高中毕业后，我第一次来到纽约市，在这里游玩了几天。随后我前往英国，我的姐姐在那里学习酒店管理。我在那里做了一些兼职，和她的厨师同事一起工作。那是我第一次真正接触到餐饮服务行业。这个经历在我脑海里的某个地方种下了一颗种子，而在我意识到我认真地想成为一名厨师并拥有自己的餐厅之后，我开始用尽全力去实现这个目标。我知道我想要去纽约，因为在我第一次踏入这个城市的时候，我就爱上了它。尽管我想念瑞典的种种，但我很快意识到烹饪给我提供了一个通道，在发挥创意的同时也把我和我的故乡连接了起来。我凭借的是在故乡的亲身经历和成长记忆：特殊味道的回忆，一些地方事物，更多的则是在这些回忆和事物中所依托的感受和情绪。

众所周知，纽约是个大城市，而在最初的几年，我很少探索纽约市区以外的地方。直到我最终发现离纽约市区不远的上州区和东北区有着大片森林和自然美景时，就好像我发觉身边一直有一个礼物，而我却没注意到。这时候，我觉得自己同时拥有了最好的城市和最好的自然。

这是一本以食谱为主的烹饪著作，但它同时也带你窥视创办一个餐厅的过程以及通过菜单和菜谱带来更深层次的感受。这本书也分享着我在追求烹饪事业过程中的每时每刻，乃至更多。写这本书的时候要将一些直觉和灵感转化为文字展示出来是一个未知的挑战。我想把这家餐厅的理念、我的灵感和为了把一切展示出来而作出的努力都完美地展示出来。在制作菜单和菜谱的同时，这个餐厅的不同细节也被纳入进来，包括每一个设计元素的考量和就餐服务的改进。

在这本书里，你能看到的菜式各有不同，若把它们结合在一起，能形成一套完整的菜单。我们在aska烹饪的食物能超越你对味道的期待，而不仅仅是停留在味蕾尝鲜的层面，这是我的目标。相对来说，简单又美味地烹饪食物是很容易的，这也是一件很棒的事。但我们烹饪食物的时候，更希望能通过这些味道促发你的思考，或者点亮你的某个记忆，带你穿越时间与空间，所以，食物带给你的不仅仅是味觉。你若决定跟着这本书来下厨（无论是制作完整的一道菜又或只复制其中某几个步骤），你可以完全遵循食谱来复制一道菜，抑或是根据你个人的需求和想法来对食谱做一些调整。在我们认可的理念里，学会相信自己的直觉和学习、实践烹饪的技巧同样重要。第225页的"食物储藏"所呈现的食物在一定程度上可以看作是我们的基本理念：腌制的食材，风味化的油或汤汁，它们可以在任何厨房里使用，也可以在其他食材、菜品里得以运用。尽管这本书的初衷在于为大家提供阅读的享受并激发灵感，但我仍希望书中的部分信息能具有实用性，甚至会被大家应用在每一天的三餐烹饪中。

对我来说，光临aska的客人能吃到美味又难忘的一餐极其重要。在就餐的夜晚，我希望客人能品尝既新奇又熟悉的味道，这些味道与身处的环境相关联，同时也与当下的季节保持同步频率。于我更重要的是，这是连接纽约和斯堪的纳维亚的一条纽带，也让我们尽可能地靠近美与自然。

我和aska的团队常常自问：如何在现有基础上不断进步？我们真的在全力挑战自己吗？我们是否仅仅是为了创新而创新？我们如何呈现这道菜，又如何将它变得更好？它吃起来味道好吗（因为一道菜有趣是远远不够的）？在客人进餐时，我们在试图让这道菜唤起客人哪种情绪？我希望你也能体会到这样的思考。

弗雷德里克·贝尔塞柳斯（Fredrik Berselius）

餐厅

开业之路

　　一些朋友或许认为aska是在2016年开业运营的，另一些朋友则记得aska脱胎于2012—2014年在上一个街区经营的餐厅。在我心中，aska的历史要更久远一些。几乎在将烹饪作为我的职业的时候，这个想法就开始在我脑子里盘旋，已经很多年了。我花了不少时日在构想这间餐厅，以及我要怎么把其中大大小小的细节在现实里呈现出来。而事实是，"白日梦"在实践的时候是一条漫长的挑战之路。它绵延数年并起起伏伏，我自己和我爱的人们都为此付出良多，同时还要找到一个合适的空间，以及相信并愿意投入这个梦想的伙伴。我真的是十分幸运的人，身边人都支持我并做出了很多牺牲，投入了大量的辛苦工作才让这间餐厅成为了今天的样子，它更会随着时间变得更加令人期待。

　　原来的aska关门歇业后，找到一个合适的地方作为新家需要大量时间、耐心和精力的投入。我当时寻找的地方是需要有足够的空间来支撑我们成长和发展，我能意识到我的团队会在这里度过数不尽的时间。不同于落址主商业大街或繁忙的社区，我将眼光放向别处。我希望我们餐厅可以在未来十年都在同一个地方，它拥有足够大的空间让我们持续地向前发展。

　　我曾将在各个餐厅厨房工作的经历汇集成一张清单，上面是我想要去探寻、学习和挑战的各种想法。我知道这是创造一个专属我个人想法和视野空间的机会。我希望这个餐厅能成为超越提供完美食物的空间存在。当然，其中最优先的重点永远是餐盘里的食物，但我也想让这个餐厅和它所拥有的一切能优化进餐的感受。如果没做到这一点，那就说明餐厅不该开在那里。

　　回到现实，当开餐厅的各种要求汇总在一起的时候，要考虑时间规划、预算和纽约市针对经营商铺所列出的复杂法律条规和烦琐的要求，就成了一件非常具有挑战性的任务。光是任务的第一步——选址就已经是漫长的过程，包括但不限于同房屋代理人、房东、建筑师和工程师等开过的无数次会议。

　　起初我没有被任何一个备选选址所吸引。于是我试图从不同的新奇角度思考选址，但似乎总有什么东西阻止我进入下一个阶段。在数月的搜寻选址均无果后，我的希望也渐渐渺茫起来，随后，很偶然地，我在谷歌上搜索到一个挂牌公告。这个物业的房地产经纪人刚把公告挂出来，而我当时就在猜想，这个地方看起来很不错，或许能成为一个极具竞争力的选址备选。

我很渴望去看看这个店铺，所以我先独自去了那里，试图透过窗户窥探一下房子里面是什么样。我是第一个循着广告打电话去咨询的人，但在我最终成功预约去看房时，我发现自己站在门外，似乎对于墙后的那个建筑感到不安：如果这和我的期待不一样怎么办，我会被打回原形、重新开始。当我走进这建筑时，我试图把这里想象成一家餐厅，而这里从未被作为餐厅使用过。那时候房子的状态实际上很难构想出效果。我眯起双眼抬起双手，试图将眼前的空间和景象构建出来，感受一下是否这个地方真的能成为一个餐厅并拥有一间厨房。

这个店铺在入口处有一条鹅卵石路，屋后又有一个大院；屋内顶头是木质横梁，天花板又高又阔；地下室一整层空间很大，而整个房屋坐落于南威廉姆斯伯格一条相对安静的街道上，就在威廉姆斯伯格桥的北边桥头，靠近纽约东河，它拥有我所期待的新餐厅所拥有的诸多元素，却也需要巨大的工程量才能真正实现。

这栋建筑始建于19世纪60年代，这里曾是制造业发达的社区，包括街上不远处的地标建筑——多米诺糖厂和街角处一个古老的糖果厂。在初次探访后，我很快又回到这里好几次。我在周围街区来来回回地逛，试想着如果这里是一间餐厅，客人要怎么来吃饭，在转过街角、走下威廉姆斯伯格桥又或者从前面街上走过来时，这个餐厅如何不被客人们错过，而如果是开车过来、从酒店步行出发、坐地铁从地铁口出来又或者乘坐东河轮渡后从几条街以外的地方下船，又该如何到达我们餐厅。同样的，我在试想客人们就餐完毕后怎么回家，他们在这里打的士会方便吗？

我又花了几天时间对这栋建筑考虑再三，便下定决心要往前走了。在几周的谈判商讨后，我手上握着这栋房子的钥匙。这种感觉很难描述，释然、激动和对未来大工程的期盼全部搅在一起。终于，我们可以全力以赴，进入第二阶段。

接下来的一年半时间，我们一直在做设计并准备动工装修。这听起来花了很长时间，然而具体到全程每一步、每个细节被执行的时候，时间实际上过得很快。每一天我们都在做多个决定，以至于小到选定水龙头或门把手这样的小事，在我们看来都是在促成我们更好地建成餐厅并开始经营。此外，我一直在问自己，我们应该如何最大限度地利用这个空间？如果打掉这堵墙，餐厅空间会变大吗？我们可以在后院营造一个花园，让客人在就餐前就能在花园里喝一杯吗？如何把地下室改建成迎宾廊，同时还要在同一个空间建造第二个厨房？

尽管之前寻找餐厅地址时，我看了不少待售餐厅，它们基础设施已准备齐全，然而这些选项从未真正被我考虑过。我想要的是从零开始打造真正属于我们的空间，它应我们的需求而生。

设计

我推崇干净的线条、简约的表面和极静的空间。极简能助我专注当下，全身心去感受并享受。我需要足够的空间以满足思考需求：无论是我在脑海里天马行空又或是真的坐下来好好去思考。空白油画布带给我的感受令我沉迷。

说到最美好的设计，它们总藏身在不经意的角落，比如一把完美的黄油刀、让你不用在室内绕来绕去的拥有最佳动线的房子，或者是照亮某个特定物件的灯光，让你忘掉灯与光源的存在，一心只关注眼前这个东西。

而在我们餐厅，我相信每一个细节都很重要。然而，这些细节又并非是让餐厅或就餐环境变好的决定性因素。每个元素完美融合，悄无声息地构成你完美的就餐体验，令你专心食物，心无旁骛。当你在餐桌前就座，就餐的味道、感受是重点，食物本身则是这一切的中心所在。在这顿饭里，每一个细节都在为享受美食而服务：端上桌的食物、与之相配的酒水、酒杯、餐具、桌上的摆花、餐桌和餐椅等。我认为，它们的关系就如粼粼水波，需要一起"发力"，才能从里到外层层荡漾。

我旨在创造一个空间，在顾客踏入那一刻便忘记一些烦恼，譬如下周成堆的工作，从而专注于食物、美酒和一起就餐的伴侣。我一直都很清楚我的餐厅应该有什么样的氛围和室内布局，而如同餐厅心脏的开放式厨房正是其中不可或缺的一部分。厨房是一切活动的发源地，让客人一眼看到它到底长什么样，他们的食物又是怎样被一步步制作出来的，这些都会让他们享用食物时更确切地感受到我们的热情。

同样的，我决意将餐厅的墙面涂成黑色，尽管所有人都告诉我没有人想在黑漆漆的餐厅吃饭。而我却认为，他们忽略掉的是，黑色的墙在合适的灯光下，能将餐厅所能营造的舒适温馨感最大限度地凸显。我曾试着和设计师们沟通合作，他们总在告诉我这里要加什么、那里要加什么，而我就只想着：把这些东西统统拿掉。

有时候极简主义会显得太简朴，这多半是因为灯光不合适并缺少自然素材。你需要一些元素能让人看到木材的纹路，同时也能从陶器上看到泥土的纹路，进而感知自然。你也需要蜡烛和温暖的灯光，它们让我想起在斯德哥尔摩群岛的傍晚，天色渐暗，那些屋舍的窗渐渐被这温暖的灯光点亮。这是家的感觉。这对于我来说非常重要的元素，尤其是食物，它有一种把大家聚到一起的能力，它所带来的暖意是人们聚在一桌好好吃顿饭的基本要素：人们帮忙传递面包，品尝当季特有的美味，在这一刻和朋友分享着难忘的瞬间。

在我们开业前的准备阶段，我试图从顾客的角度来观察在这个即将成为新餐厅的地方。我在餐厅的每把椅子上落座，把手放在桌面又放下来，我起身四处走走又坐下。我探过身，假装侍者正在为我上菜、倒酒。我思考着这些经历中哪些很重要甚至会成为关键点：椅子、桌子、灯光、餐具和酒具等都是必须被认真考虑的对象。设计是实用和美的结合，同时它也能讲述一个故事。它能给我们的体验带来玄妙又多维的改变，让我们很自在，而这一切仅仅因为氛围所致。

我一直很喜欢以任意形式出现的富有思想的设计，无论是建筑设计、字体设计、杂志、桌椅或餐碟。我关注并欣赏设计，由此，对我来说，餐厅里的每个元素都必须有某种意义、目的或是幕后故事。有故事或没有故事，这非常重要。

家具

对餐厅来说，椅子是常规的家具，但我一开始就知道对aska餐厅来说，最能营造氛围的是汉斯·魏格纳（Hans Wegner）设计的叉骨椅。这些椅子由丹麦极具经验的工匠手工制造，木材是丹麦橡树，坐垫则是将格纹纸用传统的瑞典工艺编织而成的。这些椅子既轻便简洁，又坚固舒适。于我而言，它们代表着质量和传承，更是具有思想设计的象征。

不用方桌而使用圆桌是我对餐厅一直以来的构想，为了和我十分中意的魏格纳椅子搭配，桌子采用黑色橡木制作。桌子的直径、高度也需要完美地配合这些椅子的特性。打个比方，这款椅子比常见的餐桌椅矮1英寸（约2.5厘米），那么我们的餐桌也应该比常见的餐桌矮1英寸。餐桌的摆放也富有空间意味，它们像群岛一样散布在餐厅的各个角落，为客人提供了私人空间。室内整体陈列很宽敞，同时又保持着亲密感。

餐具

在考量餐厅里要使用的陶瓷制品时，我设计了无数形状的盘子、碗和器皿，之后所有的餐具由名叫史蒂芬妮（Stephanie）的陶瓷艺人制作，她是我在纽约上州结识的朋友。我喜欢和充满能量又具有开放精神的人一起工作，我希望这个人能接受我新奇的点子，并能把设计图变成现实生活中的产品。在餐厅开业之前，我们用超过1年的时间实验了无数件陶瓷制品，而在餐厅的菜单改进、增添菜品时，我们为此在继续设计新陶瓷餐具。这个过程里充满了试错：有时盘子的弧度不够导致无法盛下菜品的酱汁，又或者餐盘的表面需要更光滑一些，客人在盘子里使用刀

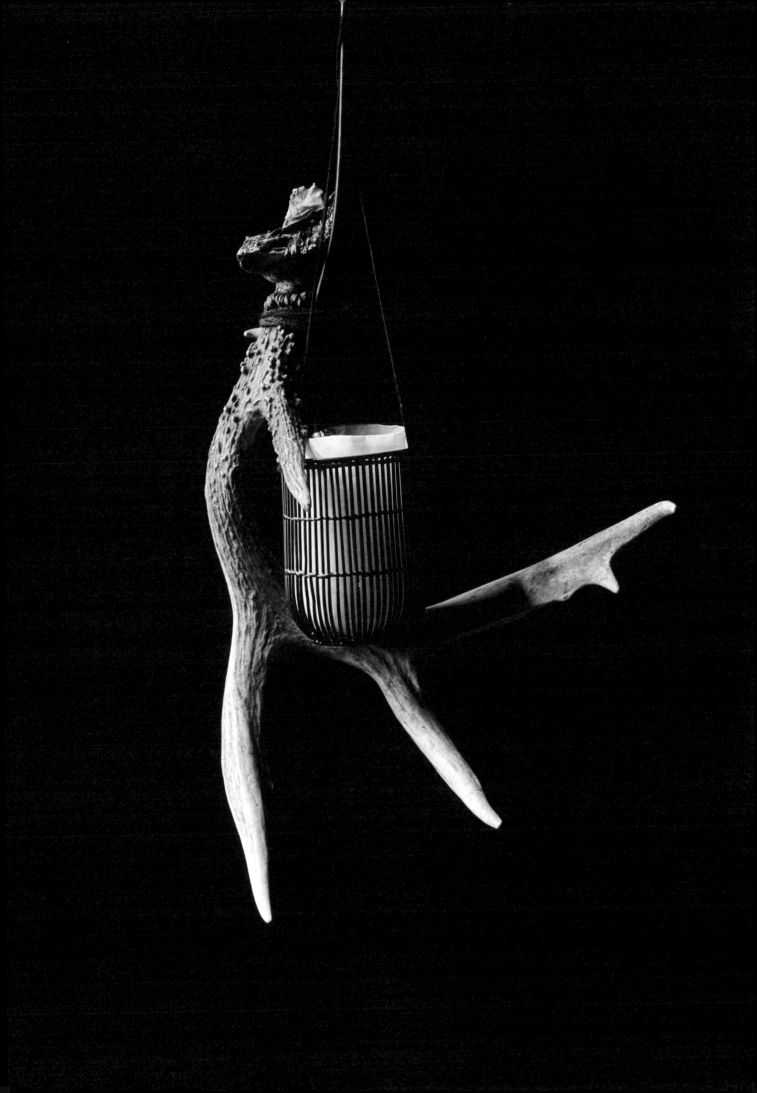

叉的时候才不会发出让人汗毛竖起的声音。整个过程中我们的沟通交流至关重要，因为一件产品里包含着太多元素，细微的差别就能导致外观、质感和功能的不同，从而影响到客人的就餐体验。

玻璃制品和刀叉餐具也是同样的道理。毕竟，我们提供的是一种感官体验。一个晶莹剔透的玻璃杯端在手上的重量感如何，你在喝下一口葡萄酒时嘴唇的触感又如何？再者，相比金属制勺子，用木勺舀起我们的桦木冰激凌并送入口中的感觉又有何不同？因为这些细节都对就餐的感受有着或多或少的影响，我们必须考虑周全。我花了大量时间去思考所有这些元素，也在思考如何在我们餐厅有更好的就餐体验。提升我们所做的每件事是我持续的动力来源。

服务

在不断完善我们想在aska提供的高品质服务的时候，我们的基本出发点在于，当我们餐厅所有员工在外出就餐或在其他场所受到的让人满意的接待服务。我们也会思考去拜访朋友家或同事家里时的个人感受，甚至日常生活里会接触到的人和事。这些经历和感受让我们找到了关于服务的努力方向，同时也为我们餐厅里的服务环境定下了基调。

我们为餐厅服务创造了一套标准的参考系统，举例来说，我们如何摆放餐具、如何清理就餐后的桌面、我们如何递上菜单又如何规划穿梭餐厅的路线。这些都非常重要，因为在有新同事加入我们团队的时候，这会有一个标准的框架和引导，方便他们参考。这些对餐厅服务的精确、准时以及节奏掌握都是基础又必需的。我们的这些方法从根本上来说，是将服务标准和我们想要在餐厅里为所有客人提供款待结合在一起。

在餐厅客人来到餐厅享受晚餐之前，他们已经开始感受到我们餐厅的服务，甚至服务在客人第一次和我们餐厅联系的时候便开始了。它可能是一个咨询电话或邮件，或是在某篇报道或社交网络上看到了aska餐厅的相关内容。在客人踏入我们餐厅大门的时候，我们或许已经来回写了好几封邮件或通过几次电话。这些沟通和交流都非常重要，并确定了他们将在我们餐厅感受的服务基准，这表示，我们不仅要在烹饪上保持高品质，也要在其他方面保持高水准。

有件事情大家都很清楚，客人来到aska就餐，对他们来说是一笔投资。就像前往歌剧院或演唱会一样，费用在订位的时候便支付了。一些客人花了很长时间来到我们餐厅，或许是从隔壁州开车几小时过来，又或是国外的客人提前了很早预定了一次晚餐。对很多客人来说，在aska享用晚餐或许是一生一次的体验，我希望这样的经历他们会一直记得。

在考虑餐厅服务时，我会考虑到方方面面，让整个就餐感受尽善尽美，同时也注意让整个餐厅团队的同事都理解并很好地执行我们的标准和做事方式。只有在整体感受都很棒的时候，这顿晚餐才能叫作完美，因此每个细节都至关重要。享受食物的环境应该和享用的食物一样棒，而我们的员工就是这个环境的一部分。

团队

　　我们在aska所做的一切，核心都归结到人。首要的也是最重要的是我们餐厅里直接为大家提供服务的员工和每天一起工作并帮助整个团队有效运转的人们，当然也包括农场主、供货商以及不计其数从不同角度支持着餐厅运转的朋友们，这中间也包括每晚前来体验我们餐厅的顾客朋友们。不同的人从不同的角度出发，每条路线互相交叉，相互成就了这样一份完整的体验。

　　aska餐厅的团队，也还在不断更迭、进步着，它是我最感激也最自豪的团队。没有这样一个强大坚实的团队做后盾，这个餐厅的任何愿景都无法完美地实现。

　　在相同目标和提供个性化产品的共同驱使下，我们这个团队走到了一起。在餐厅这个环境下工作，意味着需要大量体力劳动，同时也要有奉献、忍耐和团队合作精神。我们投入了大量资源和力气，为的是让每个踏入餐厅大门的人都能得到一份无法比拟的体验，不管这些客人是外地远道而来又或者只是住在一条街外的本社区居民。我们努力认真地工作以顾全客人的体验，团队里互相的支持投入都是我们餐厅成功的必要条件。

　　创造一个积极又可持续的工作环境，对于餐厅团队的发展来说至关重要，这也是我一直在探索并提升的地方，小到我们每一天的"家庭聚餐"，大到一整年的工作安排。在这里的每一件事，都在持续推动着整个团队的发展，而在学习和经历了更多事情以后，我对这一切的期待只会越来越高。

　　我们的团队日复一日地并肩协作，需要的是所有团队成员的互相帮助与相互理解。在整个过程中，我们互相学习、一起进步，迎接了一次次的挑战与成功。也正因如此，我们亲如一家，所以才会将每天的员工餐称为"家庭聚餐"。

　　餐厅厨房的厨师长莫顿从丹麦搬来纽约，在我们餐厅还在原址的时候就已经和我一起工作，至今已有5年。这些年的合作，让我们的沟通甚至无须过多语言，就能领会对方的意思。

　　我们的餐厅可以拥有最棒的食材和最高端的设备，又或是最佳店址，然而归根到底，让我们的餐厅能成为如今的模样是因为这个餐厅里的人——我们的团队。我们尽心尽力地投入到餐厅做事，我认为这些，客人都会感受到。能做我们喜爱的事情，是多么幸运的一件事啊！而这些，都是aska餐厅的基石。

食材

食材

食材是构建我们烹饪的一砖一瓦，它们也定义了我们的餐厅身份。我们永远在寻找最棒的食材，也在季节变化的时候察觉并品味出它们风味的变化。我们尽力在当地以及整个美国东北部购买绝大多数食材，有一些食材我们直接种植在餐厅的农场里，也有一些种植在上州区，其他食材则直接从当地农场主处购得，当然也有直接在农夫市场购买的情况，另外有少数食材是进口的，因为确实需要它们。总之，我们的首要目标是力所能及地找到最佳品质的食材。

aska是跟随季节变化而变化菜单的餐厅，我们必须和四季的节奏保持一致。不管是从农场处购买食材还是在我们自己的菜地里收获，又或是在野外采摘，餐厅的所有食材都是有迹可循的。

春季，即便日常气温已经回升到舒适温暖的程度，在农场里种植的农作物依然需要好几周甚至几个月才会长出来，但野生植物却已经开始在各处冒头。突然之间，所有地方都在冒出新芽，大自然突然焕新，而在这段时间里，我们会提高"警觉"，因为有一些食材会突然出现又迅速消失掉。大部分可食用鲜花就是如此。野韭葱大概会出现几周时间，这已经是很短的时间了，而野韭葱花大约只能开1周的时间。同样转瞬即逝的是接骨木花，它往往预示着接骨木果即将来临，但如果不巧遇上了强降雨，这些脆弱的花朵我们只能在下一年才能再看见了。

夏日的阳光和高温催熟了各类水果和浆果。蔬菜生长繁盛，这也意味着我们有着大量的新鲜食材可以使用。

伴随秋季到来的是各类菌菇的上市，纽约上州著名的苹果也熟了，与之同一时间上市的还有拥有大型根茎的蔬菜，比如芜菁甘蓝以及根芹菜。

冬季是最难熬的季节，但这个季节也是贝类和鱼类的旺季。更重要的是，我们会在这个季节用到大量的浆果类食材，这些浆果在夏秋丰收之际被我们用腌制的方法保存了下来。

保存食材并打造一个真正的食物储存间对aska餐厅来说非常关键。简单来说，我们在避免食物被浪费，并储存好它们，在它们的生长季节过去以后依然可以使用这些食材。一方面，这是在捕捉住我知道必然会逝去的季节和风味。但从更高层面来说，其实这是在让各种风味发展得更复杂、更深厚。一些水果和蔬菜，我们会选择风干、盐腌或是腌渍。我们可以盐腌一些食材但不让它们进行发酵；我们也可以盐腌一些食材并让它们轻微发酵，而食材本身也处在各种成熟的阶段，从而导致了食材风味的千变万化。

除非是为了追求某些特定的风味而从一开始就要精准控制，大部分食材的储存、发酵都处于不断试验、观察风味变化中。我们的目标并非要精准到达某一种特定的味道，更多的是在处理食材的过程中发掘更多风味。我们会尝试用不同的材料来储存食材，比方说白醋，在用它浸泡了食物以后，白醋本身也会成为一种调味料。针对各类材料在不同的储存环境及不同的保存时间下而产生不同的味道，我们也会不定期地检查这些味道的发展程度，比如我们熟知的乳酸菌以及一些常用的酵母、细菌，它们能为各类食材带来哪些不同的味道，我们都要去不断探索，比如，食物储存发酵以后的浓稠度、质感以及风味等。

　　也许一个月或者两个月过去了，味道都没有什么特别的变化，但在过了三个月以后，味道突然之间发生了奇妙的转变，又或者是突然发展出了完全意想不到的味道。一些蔬菜或水果会发展出杏仁的风味，又或者能让人想起肉的风味。腌制储存的整个过程——无论是醋腌、发酵又或是盐渍，都能观察到很多奇妙又有趣的变化。我们曾醋腌了两罐豌豆，这两批豌豆分别隔了一周收获，在新鲜的时候它们尝起来几乎没有任何不同，我们分别将它们腌制在两个罐子里，腌制的条件一模一样。当过了一段时间以后，我们再品尝两罐豌豆，发现这两罐豌豆的味道可谓是完全不同，这时候我们才意识到，分开一周收获的豌豆，其所蕴含淀粉含量会不同，这导致了腌制以后的味道产生了变化。当然，在很多腌制、发酵的过程中我们也有过失败案例，譬如味道毫无变化或者最后的味道我们觉得并不美味。但总之，这都是对新事物的探索，我们也在其中收获了很多新知识。

　　所有我们日常生活中出现的香草、水果以及蔬菜都是一开始从野生植物得来的，并经历上千年的人工种植后逐渐驯化得适应人类的味蕾感受并容易栽培和收获。这些餐桌食材的祖先至今仍在大自然中按照自己的规律按部就班地在它们所处的自然环境中生长着，而我们餐厅不拒绝任何可食用的天然野生食材——从胡萝卜或者苹果的同属野生植物，到树皮、苔藓以及其他不太常见的植物原料。我们将大自然当作是我们的天然食物储存间，在这里我们搜寻味道、捕捉时节。当然，我们明白每种植物都有它们生长成熟的最佳时期，它们会有味道最甜、口感最脆或是风味最浓的时期，而我们也希望我们的菜肴除了呈现当季的美味，也能给大家其他关于风味的感受。它可以是在春天生长出来的柔嫩且几乎透明的白桦木新叶，它包含着整个新年伊始的寓意和味道；它还可以是冬季里凋零且颜色深暗的枫树叶，我们从地上将它们重新收集起来，萃取出风味再用在某一道菜中。

　　野生食材的特点就是——野。和那些耕种出来的表亲们相比，这些野生食材有着更浓郁、更强烈的风味，因为它们从未被驯化过。这些野生植物真真正正地代表着不同的时节和环境，因为只有在各种自然条件刚好的情况下，这些植物才会出现。在这些野生植物身上，我们会看到相应的时间段内到底发生了什么事。当某些植物出现的时候，我们会了解它周围的环境究竟如何，我们也能通过对这些植物的检查而发现这些植物经历了怎样的气候变换，在它们长大的过程中是否有过一小段较为干旱的时间？或者是否降水太多？又是否有过霜降天气？这些因素和影响最终都会呈现在植物的生长中，并留下痕迹。

在瑞典，去野外找寻食材是很常见的，在我学会走路之前，我家就已经规划好夏季和秋季的远足日期，去野外寻找"宝藏"。我们会在林中远足并沿路采摘浆果或蘑菇。我的父母在这方面的经验很丰富，他们也很喜欢带着我和我的妹妹到大自然中探寻。他们总会不断探索风味宝地，尽管经常因此全身都湿透了。在我小时候，我作为一个林中探索者几乎完全帮不上忙，但随着年龄渐长，我逐渐被林中探索时那些有趣又神秘的食材元素所吸引。

有时候，我们会走着走着，离我们停车的地方越来越远，并逐渐深入丛林的更深处，有可能找寻一整天也毫无收获，也有时候我们会非常幸运地满载而归。然而，带多少食物回家并不是最重要的，重要的是和家人一起在林中度过这样的时光。

野外远足一方面能让你在探索自然的过程中培养耐心，另一方面也能让你对周围环境有着更细心的观察。它同时也让我们重新发掘人类的特性，这些特性早就刻在我们的DNA里，却不一定被发觉。

我的祖父在自然界中教会我非常多东西。他教我认识了各种树木和可食用的植物；他告诉我哪些菌类可以采摘而哪些又要尽量远离；他更教会了我如何在林中迷失的时候建造一个临时庇护所来歇息落脚。在他的田地里，他采摘并保存了各种食材，然后将它们储藏在地窖里，从浆果到各类水果。有一次，当我们结束了林中的探索后，我踢了一簇地衣，就像踢开一块石头或一个易拉罐一样。祖父平静却带着教导意味地批评我，说我不尊重生命，也不敬畏这些花了很长时间才长成的植物。他当时教导我的话语深深地震撼了我，从此以后，我对动植物的看法变得非常不同。

至今，祖父的各类教导依然影响着我。虽然我不再在瑞典生活，但在纽约上州这些教导依然有用。在卡兹奇山西侧，我很幸运地在我喜欢的一个区里拥有了一座很棒的房子，在这里有着难以置信的自然美景。在这个距离纽约市北边3小时车程的地方，它的环境总让我想起我远在瑞典的家乡，那个我生长的地方。我会在这里发现一些和家乡一样的野生食材。很多植物我会带回餐厅并最后放进我们的菜单里。

这些食材可以是任何植物，从地面上的各类青草到树木再到这些树木的不同部分：拉拉藤（新鲜的或者像干草一样的）、云杉（嫩叶、树枝以及天然树脂），以及白桦树（树皮、树叶和树汁）。比如说，在春季里，当云杉开始长出嫩芽的时候，我们会采摘这些嫩芽，并保存下来以后使用。我们也会用松木、杜松木、云杉木、白桦树以及其他的树木来萃取不同风味的液体：油、醋或是糖浆。

在纽约上州，我们种了一些果树、浆果灌木以及其他一些可以自行在野外生长得很好的农作物。在周围也有一部分农场，我们常年和他们保持着联系。对于能支持周围的农业发展，我们一直感到由衷的自豪，但也并非仅限于此。因为对我来说，食材的质量是首要条件，而在这个区域里成长的食材是我能找寻到的优秀的食材之一。

很多厨师，尤其是一些年轻的厨师或是学徒，他们或许从来没有见到过一种植物如何从一颗种子发芽再到最后枯萎凋谢，抑或是他们从没有好好观察农作物的生长变化。在aska餐厅，我们很明确地让大家都尽量参与到一些食材的生长过程中来，观察并了解它们的变化。在餐厅不远处的纽约东河边有一个城市农场，我们的好朋友莱恩（Ryan）和亨利（Henry）在打理这块土地，在这里我们种植了二三十种不同的香草、食用花以及蔬菜。我们可以看着这些农作物发芽、开花，某一年它们可能被纽约盛夏的热浪烤焦变干了，有时候它们可能因为提前到来的霜冻天气而缩短了收获期，又或者它们非常顺利地开花结果长出种子——这些种子会用在下一年的播种期，开始新一轮的生根发芽。我们观察这些植物的生长，这些观察形成了一些基本元素，帮助并影响着我们去理解年复

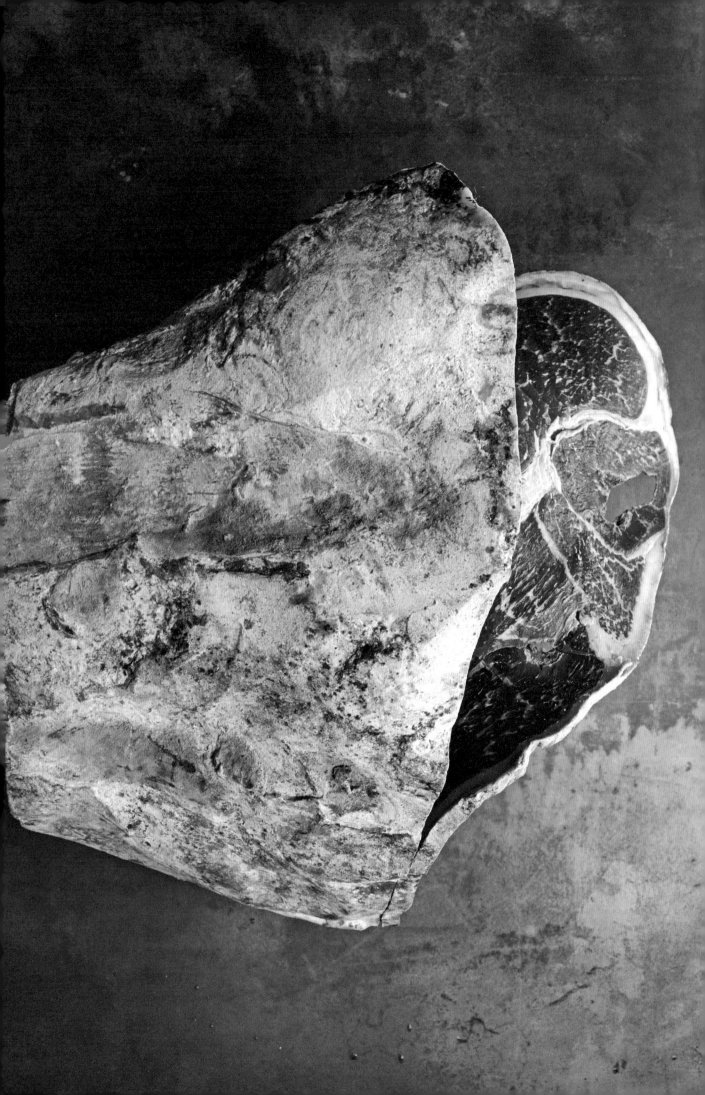

一年这些植物的生长规律和变化。最终，这些观察和了解都是在帮助我们烹饪得更好，并让我们培养并提升某种关于烹饪的直觉：在接触到这些食材的时候如何去理解它们，最终如何展现出这些风味。

每周我们都会去逛几次纽约农夫市集。因为这些市集离我们很近，也因为在这样的市集上农夫们几乎是抱着自己的食材站在你面前，这些市集对aska餐厅来说基础又重要。随着一次次地在市集里采买，我们知道了哪些蔬菜的状态可以成为最佳，也可以最近距离地检查各类食材的品质状况，甚至可以为了我们的菜单精准地挑选食材——20个同样大小的芥蓝头，10个稀有品种的卷心菜，一整箱鲜红色的醋栗果（有一部分可以腌制保存），又或者是好几捆香味浓郁的洋甘菊。每次和这些农夫进行对话都是在帮助我们更好地建立彼此间的合作关系。我们从他们这里可以了解到各种作物的成长周期，也能清楚知道天气和气候的变化对他们的农作物有怎样的影响，同时他们也会告诉我们接下来的时日会有什么新作物上市，又或者会告诉我们某一种食材最后的上市时间。所有这些信息对我们来说都至关重要，这能让我们更好地规划菜单。

在寻找海鲜食材时，我们首先会在美国东北区域——长岛、蒙托克以及纽约州往北朝缅因州方向的地区内搜寻。因为这个地方的海域水温和北欧以及斯堪的那维亚半岛的海域水温接近，所以这个区域的鱿鱼、扇贝、蛤蜊以及各类鱼的味道会和我家乡海鲜的味道类似。美国东南部的水域、大西洋中部（通常是指美国境内的在新英格兰和美国南大西洋地区之间的地区）以及再往南的水温都太高了。这个海域生长的海产品味道会有所不同，另外有一些特定的食材我们会从斯堪的纳维亚半岛直接进口，比如挪威的帝王蟹以及芬兰的鱼子酱。

悬挂熟成肉类是aska餐厅的菜单里非常重要的一环，我们也会自行熟成肉类。我们的干式熟成肉眼牛排会悬挂熟成4个月，一些其他的牛肉甚至会熟成更长的时间。同时我们也会熟成一部分海鲜。做这些事情的主要目的都是在通过熟成让食材逐渐失去水分，其身上的各类风味互相交融，从而释放出更成熟和浓郁的风味。在准备新鲜丘鹬或其他野味的时候，我总会试着将这些肉熟成1～2周，即便这些野味的肉已经非常浓烈。因为熟成总能让风味变得更复杂多变，也能牵带出不同的味道。

我们餐厅的油脂种类选择较为多样化，牛肉脂肪可以腌制并熟成出更多风味，之后再和干式熟成的牛肉一同上桌。猪油脂和欧蓍草一起上桌，用来搭配我们的面包。我们尽力确保使用到了动物身上的每个部分，包括内脏。在我们腌制羊心以后，我们会将它烧成灰，并和腌渍发酵的洋姜一起呈盘上桌。动物的血也常常出现在我们的菜单中。血布丁是瑞典的一道家常菜，我们通常搭配越橘果酱一起食用，它也是瑞典很出名的食物之一，而在餐厅里，我们常常将血做成小松饼纳入菜单。

总之，能在斯堪的纳维亚半岛以及美国东北部触及的食材都是我们灵感的源泉。我们永远在探寻更多食材、风味，也会将这些食材和风味通过各种办法传达到客人面前。

食谱

黑角藻

这是一道一口食用的小吃。黑角藻,也叫作海橡树,可配上蓝贻贝制作的蛋黄酱。蓝贻贝在醋里烹饪后制干,并打碎成粉末,用作这道开胃小吃的调味粉。

我们将好几种不同的海藻应用在餐厅的烹饪中。这些海藻来自美国缅因州一位叫作拉克的朋友,他也被称作"海藻人",因为他种植收获海藻,在把海藻送来餐厅前会把它们晒干。凭借浓厚的海味、矿物质味和自然的盐味,这些海藻成了我们的特别原料。吃掉原始模样的海藻会使人秒回到在海边玩石头的童年时光,四处寻找散落在沙滩的小小海洋生物、虾和贻贝。对我来说这宛如猛然砸开平静水面那一刻。我爱斯德哥尔摩群岛,当我闻到或吃到一小口海藻,我就被带回到了那些小岛上,海浪轻轻拍打柔软岩石的声音在耳边回荡,而拥有这一切的小岛显得格外独特,这也是我第一次发现黑角藻的地方。

制作贻贝粉

将贻贝肉和白醋放入小锅中,小火煮开,将贻贝肉里的汁水全部煮出来,待肉质变得干硬后即可。将贻贝肉摆在干燥机的有孔干燥盘上,直至全部干透为止。将干燥的贻贝肉打成粉状。

制作贻贝乳化酱

将熟贻贝肉、蛋黄和白醋放入食品搅拌机,一边搅拌一边缓缓加入烹饪油,直到食材打碎并和油一起乳化。用盐调味,然后静置1小时,以便更好地释放食材风味,然后用极密的细网过滤。将过滤后的乳状蛋黄酱放入挤压式酱料瓶中备用。

呈盘

将黑角藻掰成漂亮又适合一口吃下的大小,因为黑角藻一条条纠缠在一起,这一个步骤会花一点时间。

在一个小锅中装入油炸用油并将油加热至190摄氏度,放入黑角藻,炸至其上面的小泡泡瘪掉,需要8 ~ 10秒。炸的时候油会飞溅出来,请用锅盖等工具挡一挡,保护自己。将炸好的黑角藻放在厨房纸巾上,以吸掉多余的油脂。

把酱料瓶里的酱呈球状挤在黑角藻上,撒上贻贝粉,即刻上菜。

原料 4人份

贻贝粉
» 贻贝肉 50克,取自蒸熟的蓝贻贝
» 白醋 500毫升

贻贝乳化酱
» 熟贻贝肉 50克
» 蛋黄 2个
» 白醋 15毫升
» 无味烹饪油 500毫升
» 盐 适量

呈盘
» 晒干的黑角藻 适量
» 油炸用油 适量

扇贝脆片

一小口咸鲜酥脆的扇贝佐以莳萝草。扇贝脆片是将扇贝炒熟并打成泥后，均匀铺薄并干燥后得来的。

得益于干燥的过程，炒制扇贝的鲜味被最大限度地浓缩在纤薄的扇贝脆片里，风味臻于完美。

制作莳萝香盐

将莳萝叶和盐放入食品搅拌机搅拌研磨至均匀细致的粉末。将粉末铺在食品干燥器的托盘上，使用最小挡直至烘干，大约需要4小时，之后储存在冷冻室随时取用。

制作莳萝草泥

煮一小锅开水，将莳萝叶放入锅中，汆烫10秒钟后迅速放入冰水中冷却，冷却后捞出莳萝叶，并尽力挤干莳萝叶的水分。将莳萝叶放入食品搅拌机搅拌，加入尽可能少量的水，以便搅拌时能将莳萝叶搅拌成细腻的泥状。用极密细网将莳萝草泥过滤一遍后放入碗里，加入盐调味，将莳萝草泥装入挤压式酱料瓶里，备用。

制作扇贝脆片

在烤盘上垫一张硅胶烤垫，将撕碎的扇贝均匀铺在上面，用手持喷枪轻微烧制一下扇贝。随后将扇贝、水、木薯粉和盐一起放入食品搅拌器中打成细泥。薄而均匀地把扇贝泥铺在食品干燥器托盘上，用8小时彻底烘干。

预热烤箱至190摄氏度，将扇贝干片尽量轻柔地移至烤盘上，以免碰碎扇贝干片。烤制1分钟。

呈盘

从烤制过的扇贝脆片上掰下4片约2.5厘米×2.5厘米的小脆片，随性地在每一片上挤一些莳萝草泥，撒上莳萝香盐调味。

4人份

莳萝香盐
» 莳萝叶 200克
» 盐 100克

莳萝菜泥
» 莳萝叶 500克
» 水
» 盐

扇贝脆片
» 新鲜扇贝肉 500克
» 水 100毫升
» 木薯粉 25克
» 盐 3克

面包

用黑麦酵母制作的地中海扁面包再刷上榛子黄油、乡村面包、用麦芽和香料制成的香料面包以及用燕麦和啤酒制作的餐包。

清晨离开被窝最好的闹钟是醒来睁眼时便闻到了新鲜烤面包的味道。从小到大，我们家很少从商店买面包吃，我的母亲总会在周末的清晨，又或是周五提早下班在家里烤面包，这样我和妹妹从学校放学回家时就有面包吃了。想要等新鲜出炉的面包凉一凉再吃是几乎不可能的，这些面包还很烫的时候我们就把这些小小的"枕头"捏在手上。这时候在冒着热气的面包芯里涂上冰凉的黄油，黄油马上化开。刚出炉的面包切两片下来，像三明治一般，在两片面包中间夹上一片芝士，芝士会马上变得软塌塌。

对大部分烹饪来说，面包依惯例是主食，同时它也能左右一顿饭的好坏。我们在自己的餐厅提供过几种不同类型的面包，有脆脆的扁面包，也有柔软的面包卷。一些面包带了一点甜味，一些则凸显了谷物和纤维的风味。有的面包需要较长的时间发酵，在进烤箱之前需要很多时间来准备，而另一些面包准备起来虽然很简单，烤制却相对复杂一些。不同城市、不同厨房烤制面包都会不尽相同，水、面粉和你所在的海拔高度都会影响到面团发酵和烤制的成果。所以我相信和所有的烹饪一样，烤面包非常考验一个人的直觉判断。

乡村面包

将烤箱预热至218摄氏度（燃气烤箱7挡）。

在一个立式搅拌机中，以中速把所有原材料搅拌8分钟。把搅成的面团分成150克的小份。把分成小份的面团揉成圆形，并在室温下发酵至2倍大后，入烤箱烤12～14分钟。

制作5条面包
» 多用途面粉 600克
» 水 600毫升
» 粗粒小麦粉 400克
» 麦芽糖浆 80毫升
» 盐 30克
» 新鲜酵母 20克

燕麦啤酒餐包

将烤箱预热至218摄氏度（燃气烤箱7挡）。

在一个立式搅拌机中，将粗粒小麦粉、面粉、燕麦片、水、牛奶、奶油、白脱牛奶、啤酒和酵母依次放入后，低速搅拌1分钟。再加入盐，高速搅拌14分钟。

在约6.4厘米×3.75厘米大小的椭圆形硅胶模具里放入85克一份的面团，在室温下发酵至3倍大，送入烤箱烤12分钟。

制作20个小面包
» 粗粒小麦粉 600克
» 00号面粉 600克
» 即食纯燕麦片 185克
» 水 600毫升
» 全脂牛奶 350毫升
» 奶油 150毫升
» 白脱牛奶 120毫升
» 印度艾尔啤酒 235毫升
» 新鲜酵母 23克
» 盐 49克

扁面包

在干净的容器里（不要和原料发生化学反应，食品级塑料盆或不锈钢盆为佳），将水、黑麦粉和酵母搅拌均匀，然后将干净的纱布盖在容器上，在室温状态下静置1周。

将烤箱预热至218摄氏度（燃气烤箱7挡）。

在一个容器里，将前述的混合物和面粉、盐搅拌，再转移到宽阔的料理台面上用手揉面团。揉匀后把面团分成多个小球，每份80克。在擀面棒上涂上面粉，从小球中间往外擀，擀成约3毫米厚的方形面饼。在烤盘上铺好烘焙纸，把擀好的面饼放在烤盘上，刷上榛子黄油，再撒上片状海盐。

进烤箱烤制5分钟。将面包翻面，取掉烘焙纸再烤制5分钟即可。

制作10份扁面包
» 水 375毫升
» 黑麦面粉 262克
» 新鲜酵母 30克
» 多用途面粉 405克
» 融化备用的榛子黄油 40克
» 片状海盐 适量

香料面包

将烤箱预热至218摄氏度（燃气烤箱7挡）。

在一个立式搅拌机中，把两种面粉、黑糖、酵母和450毫升水、麦芽糖浆、油和所有香料搅匀后低速搅拌1分钟。加入盐再中速搅拌6分钟。最后加入2个鸡蛋，继续搅拌4分钟。

把面团分成80克一个的小份，整形并在室温发酵至3倍大。

把1个蛋黄和40毫升的水搅拌后，均匀地刷在面团表面，烤制12分钟。

制作20个香料面包
» 多用途面粉 730克
» 黑麦面粉 190克
» 黑糖 100克
» 新鲜酵母 25克
» 水 490毫升
» 麦芽糖浆 55毫升
» 无味烹饪油 22毫升
» 烤香并碾碎的茴香籽 4克
» 烤香并碾碎的孜然粒 3克
» 烤香并碾碎的莳萝籽 3克
» 盐 15克
» 鸡蛋 3个

精制黄油搭配腌鲜花

制作黄油

  将黄油、白脱牛奶和盐放入帕克婕万能磨冰机中，转磨3次后放在室温下备用。

  将上述的黄油装入陶瓷制小盅内，保证表面干净平整。在黄油上撒少许海盐片，放大约10片腌制的小萝卜花，摆设方式可以随意地散落在黄油表面。即刻上菜。

制作4份

制作黄油
» 高品质无盐黄油 225克
» 白脱牛奶 67毫升
» 盐 5克
» 大片片状海盐
» 腌制的蒜花和小萝卜花 (见第228页)

打发腌猪板油配风干欧蓍草花

制作猪油

  冲洗猪板油，擦干后切成大块。准备一口深锅，中火，倒入猪板油并彻底熬出猪油，熬制期间需要不时翻搅。在猪油尚温热的时候，用细纱布过滤猪油，装入搅拌盆中。待猪油冷却至凝固，高速搅拌4分钟。

制作风干欧蓍草花盐

  将盐和干花一起打碎，用粗网筛过滤后备用。

呈盘

  把打发过且熬制好的猪板油装入陶瓷制小盅，在表面撒上风干欧蓍草花盐。

制作8份

制作猪油
» 块状腌猪板油 200克 (见第231页)

制作风干欧蓍草花盐
» 风干欧蓍草花 100克
» 盐 20克

螯虾、旱金莲和洋甘菊

烧过的香草束里放着螯虾，再配以旱金莲、洋甘菊和由螯虾头与洋甘菊一同制成的酱汁。

在洒满月光的公寓阳台上，可直接眺望不远处的爱丁堡利斯区，连续几天下的雪覆盖在露台家具和一个小小的室外烧烤架上。彼时是新年，我的妹妹和她的丈夫汤姆在爱丁堡经营着一家餐厅。恰逢新年，我和妻子也从纽约前往爱丁堡拜访妹妹一家。就在那个阳台上，放着一个纸箱子。汤姆揭开盖子，里面躺着大约24只螯虾。它们活着，但只微微挪动着身子。汤姆摇晃了一下纸箱，它们的尾巴马上拍打起来。后来我们把这些螯虾用黄油和香草煎熟，黄油在热锅里一直冒着泡泡。这是用一种难以想象的简单方法，却完美地制作出了可口且风味十足的甲壳类动物，这道菜是我的挚爱之一。

在aska的厨房里，螯虾的制作也非常简单。每次我们收到的螯虾都是鲜活的，它们来自苏格兰斯凯岛或是法罗群岛。我们把尾巴的虾肉取出后，用少许盐和糖腌制，再卷入绿色香草中，然后绑上线绳，宛如小小花束。

之后我们会点燃这束香草，香草的烟在熏制虾肉并给予更多风味的同时，也稍微把虾肉烤了一下。搭配螯虾肉的是用虾头和洋甘菊制作的酱汁。客人们需要解开线绳打开香草束找寻到自己的螯虾肉。在冬天出品这道菜的时候，新鲜的绿色香草比较少，我们会使用云杉和杜松的枝叶。夏秋季节，我们则使用洋甘菊和其他香草。

制作螯虾黄油

将烤箱预热至175摄氏度（燃气烤箱4挡）。

将螯虾头和虾钳放入一口大锅中，并用木勺将其捣碎。加入黄油，用中低温加热。需烹饪约1小时30分钟，直至黄油里的水分完全蒸发。加入螯虾的脑膏，继续熬煮30分钟。将煮好的黄油用极密细网过滤，不要按压，让黄油自然过滤滴落。之后将过滤好的黄油装好，冷却备用。

制作螯虾汤

将烤箱预热至175摄氏度（燃气烤箱4挡）。

将螯虾头和虾钳在烤箱中烤制40分钟后，将它们倒入一口锅中并用木勺捣碎。之后加入冷水，煮沸后转小火慢煮。待高汤收汁约⅓，还剩2升左右的时候，将高汤用极密细网过滤，使其自然滴落，之后冷却备用。

制作4人份

螯虾黄油
» 螯虾头和虾钳500克，螯虾的脑膏取出单独备用
» 黄油650克

螯虾汤
» 螯虾头和虾钳1千克
» 水3升

腌螯虾
» 个头较大的活螯虾4只
» 粗盐10克
» 糖10克

螯虾汁
» 螯虾汤1升
» 木薯粉30克
» 水33毫升
» 螯虾黄油约25克
» 洋甘菊花蕾腌泡汁30毫升（见第228页）
» 腌制洋甘菊花蕾20个（见第228页）
» 白醋8毫升
» 盐 适量

鳌虾、旱金莲和洋甘菊

呈盘

» 漂亮诱人的香草枝，例如，薰衣草、
  茴香、莳萝、欧蓍草、云杉、杜松、
  洋甘菊、艾草
» 腌洋甘菊花蕾 28粒（见第228页）
» 旱金莲叶 适量

腌鳌虾

　　击破虾背并取出鳌虾尾上的虾肉。请注意尽量将最尾部的虾肉也完整取出，并清理干净虾尾中的虾线。混合好粗盐和糖，短暂且均匀地腌制虾肉。

制作鳌虾汁

　　将鳌虾汤熬煮收汁至一半量。另将木薯粉和水搅拌均匀。把浓缩的鳌虾汤煮开，缓慢倒入木薯粉和水的混合液，并不断搅拌汤汁，随后关小火。之后用搅拌器搅打汤汁，再一点点放入鳌虾黄油、洋甘菊花蕾腌泡汁、腌制过的洋甘菊花蕾和白醋。最后用盐调味，并保温保存。

呈盘

　　将每个鳌虾肉分别用一束挑选过的香草束包裹好，并用一根打湿过的线在中间扎好。潮湿的线可以确保香草束在燃烧的时候不会轻易断掉。

　　在一个小盘子的一边摆好7个腌制的洋甘菊花蕾，并在花蕾上点缀旱金莲叶。用火枪喷烧香草束，使得鳌虾肉均匀地被熏制并达到温热的状态。在盘子的另一端摆放烧过的香草束。在盘子的中央浇上2勺鳌虾汁。

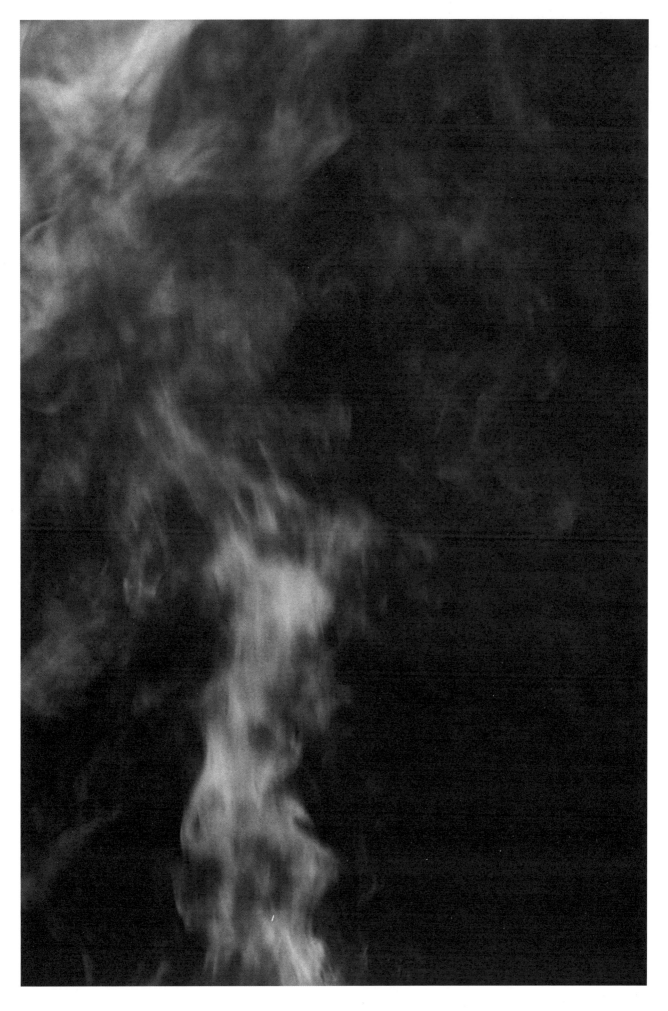

土豆泡芙球和烟熏比目鱼子

油炸土豆片宛若一个松脆的枕头，上面躺着咸香的比目鱼子酱和萝卜叶。

一口就可以吃下去的土豆是用"舒芙蕾"式烹饪技法做出来的。这种制作土豆泡芙的方式要求切片和烹煮时间都近乎完美才行。它同时要求烹饪的厨师清楚这道菜成功的原理，即土豆的水分含量和新老土豆的差异（随着时间的变化淀粉和糖分的比例也会改变）。这个土豆需要煮3次，且每次温度不同，方能让它从一个扁平的土豆片变成圆圆的枕头状。我们选用了风干后的胡萝卜叶尖，将它们火炙后为鱼子增添风味。

鱼子常常标价奇高，享有盛誉却有时候被严重高估。尽管我坚持认为野生鱼不应该在生产期被捕获，但我们仍时不时收到一些带有鱼子的鱼。动物或植物的每一个部位都被使用到是我们的宗旨，唯有如此才不会浪费食材。当我还是孩子的时候我也时常吃鱼子。在瑞典，可以购买被搅打过的鳕鱼或其他白肉鱼的鱼子，它们被装在像牙膏管一样的容器里，将鱼子挤在黑麦面包上再加上水煮蛋就可以好好享用了。

制作烟熏比目鱼子乳化酱

用一把足够锋利的剪刀，将裹住比目鱼子的囊衣剪开。用斜角刮刀轻柔地在这层薄膜上刮下鱼子，让鱼子和这层囊衣分开。即刻冷藏备用。

将蛋黄和白醋放入食品搅拌机，搅拌若干秒后形成酱汁。在搅拌机不断搅动的同时，把两种油逐一缓缓倒入其中以乳化。最后用盐来给这份烟熏风味的酱调味。

在一个碗里倒入150毫升的乳化酱，倒入200克鱼子，轻柔搅匀，注意不要碰破鱼子。把最后的混合物放入挤压式酱料瓶中备用。

制作土豆泡芙球

准备两个锅分别倒上油。第一个锅最好是宽口锅，锅深大约7.5厘米，里面的油要有2.5厘米深，将锅加热至125摄氏度。第二口锅的大小开口没有特别限制，但锅要足够深，锅里的油加热至175摄氏度。备好一排铺好了烘焙纸的托盘，准备一口配有漏勺的双耳锅和一把硅胶铲。

将土豆切开，切面直径约5厘米。用12毫米直径的环形切刀把土豆芯部分切出来。将被切出来的圆柱体切成约3毫米厚的圆片。

同时，快速晃动第一口锅里的油，一片片加入刚才切好的土豆片。

制作8人份

烟熏比目鱼子乳化酱
- » 颜色鲜亮新鲜的比目鱼子 3条
- » 蛋黄 2个
- » 白醋 10毫升
- » 烟熏油 150毫升（见第230页）
- » 无味食用油 150毫升
- » 盐 适量

土豆泡芙球
- » 油炸用油
- » 土豆 4个

呈盘
- » 油炸用油
- » 腌制并烟熏过的比目鱼子 1条（见第231页）
- » 盐 适量

土豆泡芙球和烟熏比目鱼子

一次性炸的土豆片不能超过25片。保证第一口锅的温度恒定，并时不时用硅胶铲拨开土豆片防止粘连。锅里的油必须要保持在125～132摄氏度之间。如果油过热，土豆片就被炸熟，之后不能炸成像泡芙一样的球。如果油不够热，土豆会被油浸透，也不能炸至成形。当土豆切片的表面开始出现小泡泡，边缘处也开始发皱时，可以试一下是否能炸成泡芙球。

取一片土豆片扔进第二锅油里。如果土豆片没发泡，那就将其余的土豆片继续在第一口锅里炸几秒。一旦土豆片可以炸发泡了，马上将所有土豆片都炸发泡。土豆片炸成泡芙球形状后马上将其捞出并放在准备好的托盘上。每一批土豆泡芙球的全套制作过程不超过8分钟。

呈盘

将一个高深的锅倒入锅深⅔的油并加热至175摄氏度。将刚才浸炸的土豆球再次放入锅里，每次放5个。重新炸的过程中，土豆球再次发泡变圆，直到炸成金黄色。将其捞出后放在吸油纸上，并趁其还热的时候撒盐调味。

在土豆泡芙球顶上挤一小团烟熏比目鱼子乳化酱，将萝卜叶尖摆放在乳化酱上，再撒上细细擦成丝的比目鱼子干。即刻上菜。

丹麦松饼球、鳗鱼和白醋栗

丹麦松饼球是一种以鳗鱼肉泥和白葡萄干做馅的圆形松饼。

我一直都很喜欢吃松饼，但我从不记得我吃过丹麦式的圆形松饼，直到我遇见了我的妻子，她妈妈来自丹麦。在某个冬日，我们在家做了丹麦松饼球，里面塞了树莓干，并搭配打发的奶油一起吃。我第一口尝下去就爱上它了——它的口感、它的轻柔和它圆圆的形状。和瑞典松饼相比，丹麦松饼一个很大的不同点在于将打发的蛋白搅入了面糊里，这让丹麦松饼非常松软，同时它们是用特别的"苹果切面烤盘"做出来的，烤盘里的半球模具可以让面糊烤成球形。

制作鳗鱼肉泥与白醋栗的圆形馅

在一口锅里将黄油融开，加入洋葱炒至松软，但不能炒到焦黄变色。加入鳗鱼肉和奶油，煮开后小火慢煮至鳗鱼肉完全软烂。之后继续煮至鳗鱼肉和洋葱粒吸饱了奶油，需要约8分钟。放凉后，将鱼肉泥舀成6克一个的小份，搓成圆球并在表面沾上盐腌过的白醋栗。冷冻备用。

制作松饼球面糊

在一个立式搅拌机里加入糖和蛋黄，将它们搅打乳化，缓缓倒入融化后的黄油，再把牛奶和啤酒轻轻搅拌进去。面粉过筛，并一点点加入刚才做好的混合物中，搅拌成面糊。将蛋清打发至可以立起来后，轻柔地加入面糊里。把面糊放进挤压瓶里备用。

制作白醋栗啫喱

在一口小锅里将白醋栗汁煮开，加入黑樱桃花然后离火。把花浸在醋栗汁里90秒后，过滤醋栗汁，放入碗里，加白醋调味。随后一点点将Ultra-Sperse M用力搅打进入混合液里，直到充分混合，变得黏稠。将白醋栗汁啫喱放入挤压瓶中备用。

呈盘

加热松饼球烤盘，在每个半圆模具里刷上融化的黄油。将面糊挤满模具。在翻动面糊之前需要等几秒钟，待底部的面糊被加热成形后，开始转动面糊（和街头小吃的章鱼小丸子做法类似），让还没烤熟的面糊流到模具上继续煎熟。持续缓缓转动这个面球，并在中间空陷的部位挤入更多面糊，慢慢形成一个圆球形的丹麦松饼球。当整个松饼球只剩一个小小的开口时，将鳗鱼肉泥与白醋栗的圆形馅塞入松饼球的空心中，然后挤入更多面糊彻底封口。在烤盘模具里继续转动松饼球30秒，让球彻底成形并烤熟，外表呈焦黄色后，从烤盘里取出。

在松饼球的顶部挤上一圈白醋栗汁啫喱，并把黑樱桃花在松饼球顶摆成像皇冠一样的形状，即刻上菜。

制作4人份

鳗鱼肉泥与白醋栗的圆形馅
- 黄油 10克
- 切小粒的白洋葱 20克
- 鳗鱼肉 125克
- 奶油 100毫升
- 盐 适量
- 腌白醋栗 4粒（见第229页）

松饼球面糊
- 糖 12克
- 鸡蛋 2个，蛋清和蛋黄分开装
- 融化后的黄油 85克
- 全脂牛奶 190毫升
- 啤酒 10毫升
- 多用途纯面粉 125克

白醋栗啫喱
- 白醋栗汁 250毫升
- 黑樱桃花 30克
- 白醋 8毫升
- Ultra-Sperse M（一种中性食物黏剂）8克

呈盘
- 融化的黄油 适量
- 搅打鳗鱼肉与白醋栗的圆形馅 至少4个
- 挑选过的黑樱桃花

香草青菜束和扇贝膏

这是一道用手抓起来吃的青菜小吃，配上扇贝膏乳化酱。

冬日过后，等待许久的春日嫩芽、香草和青菜都纷纷在农田和山野间慢慢探出头来。植物各不相同，所以它们有不同特点、质感和风味，一些是甜、辛辣或酸，一些带有甘草的感觉，更具草药的风格，又或者是薄荷味、柑橘味以及青草味。将人工栽培和野生的蔬菜搭配在一起总能得到完美的味觉平衡。野外的新苗、水芹菜、酢浆草和其他绿苗往往比人工栽培的作物来得早一些，因为它们更快感知到春天到来时的温度变化。野生植物需要用力奋争才能存活下来，我相信你在吃的时候能品尝到其中的味道。

在成长早期，植物所具有的特质会随着时间迅速又多样地变化，这也影响着我们的菜品不断变化，各种蔬菜、香草和花朵不断更迭。就算是同一天采摘的花草蔬菜，你在品尝的时候仍然能感受到它们各自的不同。扇贝乳化膏同样如此，每一天都应该非常新鲜。

制作扇贝膏乳化酱

分别将扇贝膏、蛋黄和白醋放入食品搅拌机，搅拌均匀后，匀速、缓缓地将油倒入机器里，让混合液均匀乳化。用盐调味。静置1小时后用极密细网过滤。冷藏备用。

制作面包糠

将烤箱预热至175摄氏度（燃气烤箱4挡）。

将面包撕成合适的大小，放入搅拌机/料理机里以高速打碎成面包碎。随后保持搅拌机运转，慢慢加入融化的黄油。之后将加了黄油的面包碎平铺在垫有烘焙纸的烤盘上。

烘焙面包糠7分钟，待其完全冷却后，重新放入搅拌机中搅拌十几秒。

呈盘

将一锅水烧开，把旱金莲梗编成绳索状，在水里焯3秒，再放入冰水中冷却，然后放在厨房纸巾上吸掉多余水分。用旱金莲梗做的绳索把香草捆扎成像花束一样。

在一个中等大小盘子的一侧，放上约一半橄榄球形的扇贝膏乳化酱，并在紧挨着的另一侧填满面包糠。将香草束放在盘子的另一侧，即可上菜。

制作4人份

扇贝膏乳化酱
» 肥美鲜红的扇贝膏 50 克
» 蛋黄 2 个
» 白醋 15 毫升
» 无味食用油 500 毫升
» 盐 适量

面包糠
» 放置了一两天的陈面包，外皮去掉 300 克
» 融化的黄油 100 克

呈盘
» 长且可以适当承受拉扯的旱金莲梗 4 条
» 当季可全部食用的多种草本植物和蔬菜

乳鸽心和山毛榉坚果

乳鸽心配上山毛榉树的小坚果、几滴香醋和干莓果。

乳鸽心是不吃或从来没吃过内脏或野味的人的最佳入门之选。经有腌制和风干，乳鸽的野生风味更加明显，但分量小小的乳鸽心，又让不习惯吃鸟类等带有明显风味肉类的人更易下口。乳鸽是我最爱的禽肉，因为它的风味和野生的禽肉极其类似。

制作腌乳鸽心

将鸽心外包裹的脂肪、筋膜等清理干净，并在流动冷水下彻底冲洗几分钟直至干净。把红糖和盐在合适的容器（不锈钢或玻璃最佳）中充分混合后，放入鸽心，放入冰箱腌制整晚。次日取出鸽心并彻底洗干净、拍干。将鸽心放在干燥盘上，用最低模式干燥2小时。

在一个平底炒锅里放入黄油，开火加热至黄油焦黄冒泡时，放入鸽心并煎制几秒。随后取出鸽心并放在厨房纸巾上吸干油脂。静置鸽心以更多地析出肉汁，同时待其降温放凉。

呈盘

把烤制过的4颗山毛榉坚果分别塞入4颗鸽心中。把山毛榉叶油和山毛榉叶醋在碗里搅打混合，把鸽心在油醋里滚一遍再裹上干蓝莓粉和干树莓粉。即刻上菜。

制作4人份

腌乳鸽心
» 乳鸽心4颗
» 盐50克
» 红糖50克
» 黄油120克

呈盘
» 去壳、烤制、去皮后再烤制过的山毛榉坚果4颗
» 山毛榉叶油20毫升（见第230页）
» 山毛榉叶醋25毫升（见第228页）
» 干蓝莓粉10克（见第233页）
» 干树莓粉10克（见第233页）

生蚝、景天和白醋栗

手工捕捞的生蚝、腌制白醋栗和野生景天。

我们的生蚝来自美国缅因州，它们在达马里索塔河冰冷的水里长大。蚝肉温柔地浸在带蚝汁的壳里，端上桌时会搭配上在盐水里腌制过的白醋栗和景天——一种野生的多汁植物，再加上用泡过白醋栗的盐水制作的油醋汁和浸泡了杜松松针的油。

景天是我很喜欢的植物之一。它多肉多汁，在我纽约上州的家附近就长有野生景天。它多藏在高高的草丛或灌木丛下，也常常在森林角落的树林边扎根。在瑞典语里，景天意为"爱之香草"，我认为英文也该用这个名称才对。景天很漂亮，它同时具备柔弱和坚强的特质。其味道尝起来会让人联想到黄瓜，偶尔我也能在其中品尝出柑橘味。就在我于上州区寻到景天那块地的不远处，一块被人们遗忘的土地上，我也发现了一大片白醋栗灌木。我们摘下这些浆果并进行腌制，之后用在了这道菜中。

浸煮生蚝

将带壳生蚝分装在3个真空袋里，真空封口后在62摄氏度的水里浸煮40分钟。之后立刻放入冰水冷却。剥开生蚝，并保存好生蚝汁，不要扔掉。将300克煮好的生蚝和8毫升生蚝汁备好，作为生蚝酱的原料。将另外的生蚝（约8只）横向对半切后放在盘子里，用少许生蚝汁保持生蚝肉的润泽，备用。

制作生蚝乳化酱

在食品搅拌机里，混合浸煮过的生蚝、白醋和生蚝汁。在机器持续搅拌的同时，缓慢、少量地将油倒入机器里，让混合酱乳化稳定，再加入盐调味。最后用极细密网过滤生蚝酱并装入挤压瓶备用。

制作白醋栗油醋汁

将腌制白醋栗的汁水、杜松油和盐混合搅拌即可。

呈盘

在冷盘子的中央挤上一大团生蚝乳化酱。在生蚝酱的四个角落上，分别摆上对半切开的2只生蚝。将5颗白醋栗和景天叶摆放在生蚝酱上，并随意地摆放一些野生胡萝卜花。最后在每盘菜上各淋2勺白醋栗油醋汁。

制作4人份

浸煮生蚝
» 人工捕捞生蚝 15只

生蚝乳化酱
» 浸煮生蚝 300克（从上述制作好的生蚝中取300克即可）
» 白醋 10毫升
» 生蚝汁 8毫升（取自浸煮生蚝的汁）
» 无味烹饪油 750毫升
» 盐 适量

白醋栗油醋汁
» 腌制白醋栗的汁水 300毫升（见第229页）
» 杜松油 100毫升（见第230页）
» 盐 3克

呈盘
» 腌制白醋栗 20颗
» 景天叶 20片
» 野生胡萝卜花

瑞典

当写下"瑞典"这两个字时，我的思绪突然蹦了出去，整个人宛如飘在空中俯瞰着我长大的这个城市：斯德哥尔摩往北13千米的索伦蒂纳自治市，它也是斯德哥尔摩郊区第二大的自治市。就像在鸟瞰着整个地面一样，我穿过整个瑞典，往北来到我祖母的故乡，这里有山、有辽阔的土地、松木林以及对瑞典来说非常常见的冻原土。之后我转身，一路往西南方向走，穿过洼地，农场，种植着小麦、燕麦、菜籽的一望无垠的农田，看到被放养的奶牛和马匹，我童年的夏天都在这里度过。回到东边，去往斯德哥尔摩方向。在东海岸线上，冰川撞击而形成的群岛区，美丽的盛夏傍晚，海水也变成了深绿色，随着太阳缓缓降落，水面平静下来最后成为宛如镜面的景观，微咸的海水徐徐倒映出各种形状的奇石岩岛。云杉树、村舍和各种独立小屋散落在悬崖边上，低矮的蓝莓灌木和欧石楠花在各个码头和小船坞间交错生长。某家的私人桑拿房离岸边仅一步之遥。这里简直就是捕捉传说中巨型白斑狗鱼的完美地点，尽管这种传说级别的大鱼从来没被捕获到，而它或许恰好正在水面几米下的地方安静地等待、伺机捕食，随时突袭那些生活在波罗的海的猎物。

我在瑞典的时期大多在斯德哥尔摩市和市郊度过，不过我在其他地区的探索经历也非常重要，它们组成了我所钟爱的瑞典的重要一环，所有这些经历都和我一起来到了纽约。我的祖母家在瑞典北部。我记忆中有驯鹿、黑白相间的桦木树皮，还有在极简的自然背景下穿着色彩斑斓的服装的萨米人（注：北欧地区原住民）。夏日时节，我们穿着橡胶长筒靴，拖着已然疲惫的双脚在野外花几小时寻找蘑菇、云莓和越橘。我也记得在林中遇见过驼鹿，以及我祖父的北极狐背包放在石头上的样子，它的旁边还放着一个装满了热蓝莓汤的保温瓶，以及包有红黄色包装纸的牛奶巧克力棒，这是祖父的最爱。森林的味道、穿透茂密的松枝密林的阳光从上面洒下，温暖着我双脚附近潮湿的地衣。

这些构造、基础、外形和质感构成了树木的生态环境。古老的树木、岩石、树枝和残缺的树墩有序混乱地在一起，新生命替代了老去的事物，并试图在这里继续成长多一天、一个季节、一个世纪甚至一个千年，这个事实在植物和动物界都是一样的。

我们会观察野生浆果的各种状态。已经多少天了？是2周、3周，还是刚好1周？这些浆果已经开始在各个地方生长，但似乎还需要多一些

时日，比如说1周的时间，才能采摘。我们会时不时去检查最喜欢的那块蘑菇生长地，会把灰喇叭菌上覆盖的落叶扒开一些来看看。

嗯，还什么都没有，那里也暂时没东西出现。扒开更多树叶再看看，等一等，我觉得这里有点东西。看起来这里有一些特别小的灰喇叭菌正在努力长出来。那我们就等几天再来看看这些灰喇叭菌会怎样吧！之后等我们再拜访这块土地时，我们会发现之前盖满了落叶的地方，各个缝隙都冒出了灰喇叭菌，它们展示着一场黑色菌菇丰盛的场景。我们会摘取一部分灰喇叭菌，同时也会留下一部分，留给这块森林土地。之后我们会轻轻地把落叶重新盖上，宛如动物在掩盖自己的行踪一样掩藏我们的森林食物储藏室。

我像我祖父一样很喜欢在森林里游荡。他教会了我在自然界辨识方向的本领。如何在第一眼看起来过于浓密的栖息地中找到猎物或行人留下的踪迹；如何在乱石、杂木又或是各种倾倒的树木丛中快速前进，并在身边不断变化的植被中找寻规律、保持警觉，同时找寻到最佳捷径到达目的地；又如何在某些状态下迅速作出恰当的判断，一方面能保护自己不受伤害，另一方面又不会损坏身边的自然环境。

在瑞典的西南部，我母亲的堂妹拥有一个农场，在那里，空气里总弥漫着草堆的香甜味。当清晨8点走出她家大门口时，姨妈已经把奶牛的奶挤好并放到露天牧场去了，随着一阵风吹过，我身后的桦树扑簌簌地响，似乎在这个阳光灿烂的清晨提醒我天气会有所变化。那是个多雨的夏天，外出不用带雨具的日子简直屈指可数。

我依然记得当我们从斯德哥尔摩驱车6小时到达姨妈的农场时，正好遇见上千只小青蛙正在开始它们的第一次长途旅行，它们从水沟一直到土路，这是一段绵延约1.5千米的水坑和黏土构成的路，它会把我们这些访客从山上的高速公路带到姨妈的农场。远远的，我们已经能看到19头有着漂亮名字的奶牛。姨妈身体很好，也非常吃苦耐劳。那时她还没结婚，农场里的所有事情都是她一手包办。无论是体力还是耐力，这都是一个考验。

我对她与她亲自养殖的这些动物之间的关系印象非常深刻，她和它们沟通交流，她认得它们各自的特征，像对小孩，偶尔也像对青少年一样对待这些动物，所以也不难理解为何每个动物都有了自己的名字。她对自己的这些奶牛、马匹、狗、猫和鸡都足够尊重，这也是人类应该对生物本就应有的尊重。而姨妈的母亲，年事已高且行走困难，但她却依然会去打开农场的栅栏，让隔壁农场的羊群来自己的农场上吃草，因为隔壁农场的草地荒芜，没有食物。这些羊群在一个非常狭小的土地上放养了好几天，土地上光秃秃，羊群因为缺乏食物已经瘦得皮包骨头，因此姨奶奶打开了自己的农场大门，让这些羊群来饱餐一顿。

在姨妈的农场，早上通常都有从鸡笼里新鲜捡来的鸡蛋，刚挤出来的牛奶会放入大人的热茶中，也会用来给孩子煮热巧克力。农场有一只叫贝西的狗，正是它的存在让我很想自己也养一只狗，农场里也有不少猫。贝西很喜欢在农场里探索，它也很享受在农场里来去自如。有时候贝西会自己跑出去探险，没人知道它到底去过什么地方。农场里的猫比普通家猫更野一些。它们偶尔会消失很长一段时间，回来时带着一堆小猫。大多时候这些猫咪都害羞且内向，极少时候会愿意和我们玩耍又或是让我们抱一抱。我手上至今仍留着当年试图和这些野性猫咪玩耍时留下的伤疤。农场的生活让人能观察到生与死，而这些生死都关乎着大家桌上的食物。彼时的我完全不知道这段生活将对我今后的生活有着如此大的影响。这一年看到一头公牛如何被屠宰，下一年的夏天又旁观了一头奶牛如何生下一头小牛，这些都让我对事情产生了新的观点。我很爱农场生活和户外活动。在我的脑海中，仍记得在盛夏傍晚，奶牛在山脚处被温柔召唤回牛棚的温馨画面，同时我也记得在漆黑的冬日清晨因为屠宰一头牛而做的辛苦工作。这些经历都影响了我的思考，影响着我如何去寻找餐厅的食材。

紧接着，我的思绪再次回到了斯德哥尔摩。那些清晨安静的街道，以及在市中心如画的水路上，船只正在起航出发前往不远处的群岛。

在一个小店巨大的玻璃橱窗前，我正透过玻璃看到店员将刚烤好的面包和甜品摆在货架上。酸面团面包、全麦面包和各种形状的黑麦面包，这些面包烤到表面有些许裂缝、沾满了不同坚果种子的面包表皮被烤得脆脆的。店里，一个玻璃展示橱窗摆满了扁桃仁膏、巧克力糖果、饼干以及水果挞，它们被放在银色的餐盘里，旁边摆着一个小小的绑着丝带的包装盒。在柜子的最下层放着各种三明治，这是更轻松的早餐选择，简单却完美。你可以选一个夹了一片芝士加一片黄瓜的三明治，当然，还可以选夹了一片芝士和一片火腿的三明治。

我点了一杯加浓意式咖啡和一个肉桂卷。瑞典的肉桂卷完全没有黏糊糊的口感。它们只是简单地卷起来，有着完美的厚度，恰到好处的糖、黄油以及香料。我先吃面包，然后喝光了我的咖啡。

于高登岛（Djurgården）是我回斯德哥尔摩很喜欢去的地方之一，它是一个葱翠的小岛，有森林、草地、博物馆和一个从大部分地铁站出来都可以步行到达的城市公园。这个小岛有自己的果园和农场，被叫作罗森达尔宫（Rosendals Trädgård），这个农场为城市最棒的餐厅供应食材。

穿过海滩，就到达了岛上的老城区和皇家城堡。在附近有一个我曾工作过的餐厅，这是一家从18世纪开到现在的餐厅。我从来没在瑞典的某个地方长期工作过，但这些短暂的工作经历帮我形成了如今我对烹饪的思考和态度。在这些厨房里的奉献和热爱精神深深影响了我。当我来到美国的时候，我本没想过要烹饪瑞典或斯堪的纳维亚的食物。我想要通过烹饪将我出品的食物和我的初心相结合，而我所有的经历和记忆早已在我身上留下了深深的印记并成为我的灵感所在，它也不断让我对身处环境产生思考、迸发全新的感受。

幼生菜配鲱鱼

甜甜的幼生菜搭配腌制鲱鱼，烟熏法式酸奶油以及腌鹅莓和杜松汁制作的油醋汁。

这是一款包含生菜和鲱鱼的季节性菜谱，当我们从合作农夫那里收到无比漂亮的幼生菜时，这道菜上桌的时间也到了。当生菜刚长起来时，它非常鲜脆，送货来的时候，幼生菜被包裹在湿润的纸里面。我喜欢将它最简单的状态呈现出来再端上餐桌，最完美的便是在它被采摘并送到我们厨房的那天就做好上桌，我从来不将它放入冰箱冷藏过夜。小小的生菜会一整颗被呈上桌，搭配让我想起斯堪的纳维亚夏天的一些元素——鲱鱼、鹅莓和杜松。

制作油醋汁

将腌泡绿鹅莓的盐水和杜松油在一个杯子里搅拌即可，备用。

呈盘

轻轻将幼生菜内部的叶子掰开至菜头部分，并撒上少许盐调味。在各处的叶子之间均匀地挤入酸奶油。在叶子里分开放入3颗绿鹅莓和3条鲱鱼肉。撒上香草做搭配，并洒上少许烟熏油和柠檬汁做调味。最后淋上1勺油醋汁。

制作4人份

油醋汁
» 腌泡绿鹅莓的盐水，至少泡1个月
  50毫升（见第229页）
» 杜松油10毫升（见第230页）

呈盘
» 上好的幼生菜，洗净并去掉最外面的
  叶子 4颗
» 盐 适量
» 法式酸奶油80克（装入裱花袋）
» 腌制绿鹅莓12颗（见第229页）
» 较小的腌鲱鱼肉12条（见第229页）
» 小棵的香草，如繁缕和野荠菜
» 烟熏油（见第230页）
» 柠檬汁 适量

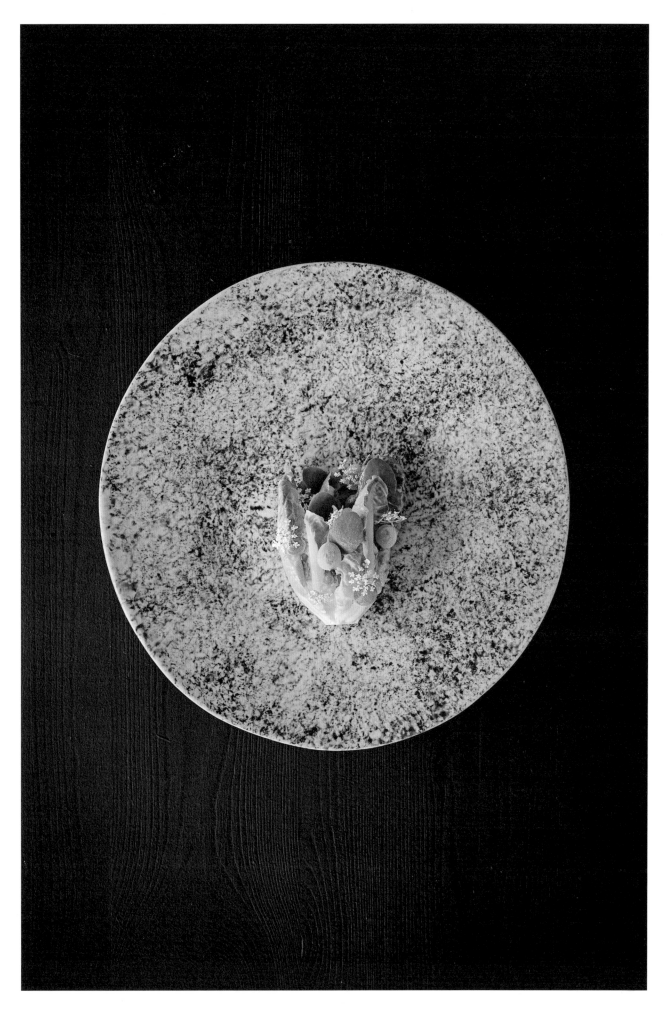

酸面包、熏鳕鱼和烤牛奶糊

发酵过的酸面团在平底锅里煎烤并用热黄油不断浇淋，直到面团膨胀成圆球形。放上熏鳕鱼肉泥、酢浆草以及用脱水后的牛奶制作的烤牛奶脆片。

在一个夏末，我回到瑞典几天，去探望一下家人和朋友，并前往耶姆特兰的法维肯仓库餐厅（Fäviken Magasinet，米其林二星餐厅）参加晚宴。

我到达阿兰达机场——斯德哥尔摩最主要的机场，那时还不到早7点。在我踏上去市中心的路时，斯德哥尔摩还没完全醒来。恰恰就在这样的清晨时分，我感受到这个城市美得难以置信。那时候的气温恰到好处，不会冷也不太热，在市中心体会到湛蓝的天空和海的味道。步行到我朋友卡尔公寓的15分钟路程，唤起了我在这个城市里度过的无数个清晨的回忆。就在我到达卡尔公寓门口时，我听见卡尔叫我的声音，他和他的女朋友安娜正在阳台上享用阳光和早餐。我加入了他们，享用了一顿完美的瑞典式早餐：加了蜂蜜和牛奶的香茶；美味而温热的酸面包；水煮农场鸡蛋，深橘黄色的蛋黄有着软嫩的口感；咸甜可口的烟熏鳕鱼子，以及一小碗filmjölk（这是一种酸味牛奶，和白脱牛奶类似），上面撒着酥脆的燕麦面包片和一点点糖。这所有的味道都是经典的瑞典风味——时间回到30年前，我祖父桌上的早餐也基本和这一餐一样。咸香、粗犷又激烈的风味在这里美妙地融合在了一起。

在那之后的几天里，我在不同的场合依然体会着同样的美味——在我北上前往耶姆特兰的路上，就在滑雪度假村旁的一个旅店里，抑或是在法维肯享受了美妙晚宴后的那个清晨。相同的美味，又有些许细微的不同。这些食物都让我联想起瑞典的早餐。牛奶脆片给热茶带来了奶香味，而烟熏鳕鱼则让人想起烟熏鳕鱼子的风味。

制作牛奶脆片和烤牛奶糊

在一口高而深的锅里，用中低火炒干乳固体，直到干乳固体呈深棕色。将炒过的干乳固体放入牛奶中搅拌后，放入冰箱过夜。

次日将混合物搅打均匀至顺滑的糊状。称出20克，放一旁备用。将其余奶糊平分在两个干燥盘上，将其均匀地抹平并干燥8小时。

准备鳕鱼

将烤箱预热至120摄氏度（燃气烤箱½挡）。烤制干草20分钟，待其质地软了即可。

清理鳕鱼柳，去掉皮、鱼鳞和鱼刺。混合黑糖和粗盐后，在合适的容器（不与糖或盐产生化学反应的材质）中铺上一层腌料，形状大小和需要腌的鱼肉差不多。把鱼放上去后，再用剩余的腌料盖好鱼肉。25分钟后用冷水轻柔地洗掉腌料。

制作8人份

牛奶脆片和烤牛奶糊
» 干乳固体 150克
» 牛奶 250毫升

鳕鱼
» 干草 150克
» 手线钓，而非大型船只工业化捕捞的鳕鱼鱼柳 150克
» 黑糖 100克
» 粗盐 100克
» 烤牛奶糊 20克（从上述制成品取得）
» 烟熏油 10毫升（见第230页）
» 柠檬汁 3毫升
» 盐 适量

酸面包、熏鳕鱼和烤牛奶糊

准备一个锅，用干草熏鳕鱼。不要让甘草燃起明火，保持低温，以避免加热鱼肉，熏至烟消失。把鱼放进真空袋中，将真空袋密封后放入52摄氏度的水里浸煮25分钟，随后放入冰水中冷却降温。将鱼从真空袋中取出并擦干。将鱼肉、烤奶糊、烟熏油和柠檬汁用刮铲切碎并搅匀成泥状。加盐调味后备用。

制作酸面包

把水、酵母和多用途纯面粉混合搅匀，放入一个干净的食物容器中（容器的材料在发酵过程中不会和食材发生化学反应）。将双层纱布盖在容器上，在室温下将这个容器放在光线较弱的地方2周。

在立式搅拌机的搅拌盆里装上和面钩，以中速将上述发酵面团、粗粒小麦粉、盐和麦芽糖浆混合，混合均匀后转高速搅打面团。在一个塑料食物容器内喷洒烹饪油，用刮刀把搅打好的面团刮入容器内，放入冰箱醒面至少30分钟。

将醒好的面团分成4份。在桌面撒好面粉后，拿出其中1份擀成约6毫米厚的面饼。其余面团收好备用。用2.5厘米直径的圆形模具/饼干模把面饼切出若干圆形小面团，放在撒好面粉的烘焙盘上。发酵1小时。

呈盘

选一个不粘煎锅，开中高火。加入能铺满锅底的澄清黄油，将4个小面饼用一个斜角抹刀铲放入锅中。转锅，以让锅底均匀受热，也让黄油保持温度，并能均匀地煎熟酸面包。加热以后，面团会开始膨胀。当面团表面开始出现小小的气泡时，用勺子舀起热黄油，淋在面团上。在面团慢慢长高的同时，不断油淋加热，帮助面团上出现的小泡泡定型。之后将面团翻面，迅速地煎炸面团的顶部直到焦黄色。把面团放在纸巾上，吸走多余的油脂。

在煎得圆滚滚的面团顶部放上一团圆形的鳕鱼泥，再盖上1片酸模叶。掰1块约2.5厘米×2.5厘米大小的牛奶脆片，放在酸模叶上，用喷枪呈对角线轻微炙烤牛奶脆片，牛奶脆片会稍稍变形垂下并搭在鳕鱼球上，牛奶脆片表面会有一点焦黑色。完成后即刻上桌。

酸面包
» 冷水 175毫升
» 新鲜酵母 2.5克
» 多用途通用纯面粉 150克，并准备多一些面粉做擀面、揉面时使用
» 粗粒小麦粉 120克
» 盐 6克
» 麦芽糖浆 3毫升
» 烹饪油 少许

呈盘
» 澄清黄油 适量
» 酸模叶，中等大小

烤洋葱、芬兰鱼子酱和柠檬马鞭草

烤过的洋葱和西伯利亚鲟鱼子一起上桌，搭配用柠檬马鞭草烟熏过的洋葱皮制作的酱汁。

制作发酵奶油

在175摄氏度（燃气烤箱4挡）的烤箱里简单烘烤一下干草，直至其干且脆。

将奶油、白脱牛奶和烤过的干草一起放入非常干净的容器里。在室内24～27摄氏度的环境下静置48小时。滤掉干草并再用极细密网筛一次。将发酵奶油放入冰箱备用。

准备洋葱

烧好一个炭烤炉，不用特别烫。将干燥未剥皮的洋葱清洗干净，均匀撒上油和盐。用锡纸包住洋葱，放上炭炉烤，烤熟即可。将锡纸包好的洋葱翻转，烤10～15分钟。打开锡纸，待洋葱冷却到可以用手拿起来时，剥掉洋葱外皮和烤得较硬的外层，留作制作洋葱酱汁时用。纵向对半切开洋葱，把洋葱一瓣瓣剥开。剥开时请注意将每一层洋葱之间的薄膜也需取下。

制作洋葱酱汁

在锅中放油，慢慢煎炒洋葱和洋葱边角料直至颜色变深。往锅里加水，烧开后调至小火，慢煮1小时之后离火，静置30分钟。用极细密网过滤后在冰水中冷却煮好的洋葱汤。

将蛋清打发至刚好能立起来。将洋葱汤重新放入锅中，中火煮制。迅速地将打发蛋白与白醋搅打入洋葱汤中，并马上调至大火，蛋白会在汤面形成一个"云顶"。尽量不要破坏这层蛋白凝成的固体，把澄清的洋葱汤用极细密滤网过滤一遍。用水稀释木薯粉作为勾芡水，加入洋葱汤中，使汤变得更浓稠。用柠檬马鞭草醋、焦化洋葱油和盐给酱汁调味。

呈盘

将一瓣瓣洋葱沿着大碗的边沿摆放：从碗底开始，放最大的洋葱瓣。除了从碗底开始数的第三片洋葱瓣，其他洋葱瓣上都放1朵腌胡蒜花，并在每瓣洋葱上放1片细小的马鞭草叶，从碗沿数第二瓣除外。在每个洋葱瓣上放1粒鱼子酱。将12克鱼子酱舀成梭形摆放在碗底，与第一瓣洋葱垂直摆放。在垂直于鱼子酱的盘子边缘，用发酵奶油刷一道弧形的奶油酱。加热洋葱酱汁，并用柠檬马鞭草油调味。在碗底浇入2勺洋葱酱汁，包围住整个鱼子酱球。即刻上桌。

制作4人份

发酵奶油
» 干草 15克
» 奶油 1.5升
» 白脱牛奶 90毫升

洋葱
» 小而甜的洋葱，形状良好，外皮完整 15个
» 油 适量
» 盐 适量

洋葱酱汁
» 无味烹饪油 13毫升
» 切片甜洋葱 450克
» 洋葱边角料（从上面制作洋葱的步骤中所剩下的）
» 水 1.5升
» 鸡蛋蛋清 1个
» 白醋 10毫升
» 木薯粉 20克
» 水 20毫升
» 柠檬马鞭草醋 42毫升（见第228页）
» 焦化洋葱油 30毫升（见第230页）
» 盐 适量

呈盘
» 腌胡蒜花 24朵（见第228页）
» 腌北美野韭 20支（见第229页）
» 细小马鞭草叶 20片
» Carelian鱼子酱 48克
» 柠檬马鞭草油 8毫升（见第230页）

芦笋配烟熏芝士

稍加烟熏过的芝士、切成薄片的新鲜芦笋、多肉植物和发酵芦笋汁。

我第一次采摘芦笋时所受到的冲击，强烈到直接将我曾经处理蔬菜的所有经验一次归零。自此之后，我再没有从商店里购买绑着紫色皮筋的一捆捆芦笋抑或是在深冬季节吃芦笋。纽约的芦笋时令始于春末较温暖的月份，并能一直延续到初夏。记忆中曾拜访过一个农场，那是5月初的一天，略热，我和妻子在一块大农田的中央采摘绿芦笋。芦笋的茎秆多汁，又脆又甜，毫无苦味，也无须削皮。在这道菜里，甜甜的芦笋搭配由牛奶和奶油制作的轻烟熏芝士。发酵芦笋汁则进一步提升了新鲜芦笋和烟熏芝士的味道，味道的对比感更强。

制作烟熏新鲜芝士

用中火把牛奶在一个大开口锅里煮沸，一边搅拌一边倒入奶油和白脱牛奶。待这锅混合物冷却至48摄氏度，再轻轻搅入白醋。随后静置50分钟。届时应当会有一大团软软的凝乳固体在锅中心成形，锅边缘则围着一圈乳清。用直抹刀将凝乳固体切成四等份，并继续放置1.5小时。

将带有筛孔的料理盘挂在稍大一点的无筛孔料理盘内，以方便滤水。在有筛孔的料理盘内铺上双层薄纱布，多余的布可挂在盘的边缘。用一个大号长柄勺将新鲜芝士放入铺好纱布的盘内，尽量不要弄碎这些凝乳固体。在盘内静置过滤1小时，让乳清随着重力慢慢被过滤，过滤后剩下的固体就是芝士。

在一个烤盘底部铺好干树枝，在这片树枝碎上架一个金属架。将新鲜制作好的芝士放入一个碗或合适的容器内，并放在已经架在烤盘上的铁架上。用喷枪点燃树枝，以制造出烟雾，并用保鲜膜和锡纸完整地包裹封住烤盘，不让烟雾飘出来。熏制30～45分钟，将芝士熏到足够风味的时候即可。将芝士从烤盘里取出，冷藏备用。

制作发酵芦笋汁

将腌过的芦笋用清水冲洗并拍干，并将芦笋榨汁。用非常细的滤网过滤榨好的芦笋汁。将芦笋汁和酸模叶汁混合，冷餐备用。

呈盘

将芦笋擦成薄片，约3毫米厚的硬币形状，芦笋尖留作他用。在一个冷盘子中央放一团烟熏新鲜芝士，芝士边缘围一圈芦笋片，并在芦笋片外摆一圈红景天叶。最后将发酵芦笋汁淋在周围即可。

制作4人份

烟熏新鲜芝士
» 全脂牛奶850毫升
» 奶油50毫升
» 白脱牛奶100毫升
» 白醋28毫升
» 松柏科树木的边角料，需干燥，如云杉木、松木或杜松木的枝叶

发酵芦笋汁
» 在3%含盐量的盐水中浸泡2周的芦笋500克（见第229页）
» 酸模叶汁200毫升

呈盘
» 新鲜摘取的大号芦笋5支
» 红景天叶 若干

豌豆和蛏子

甜甜的豌豆和蛏子用野生豌豆油煎炒，再配上蛏子接骨木花清汤。

对我来说，这道菜完美地抓住了夏天：甜甜的豌豆、新鲜的蛏子，以及尝起来好似温暖阳光的接骨木花。这道菜需要豌豆在最恰当的时间采摘食用，这时豌豆里的淀粉已经开始糖化并产生甜味，但豌豆紧致的口感依然存留。豌豆是剥皮豌豆，快速焯水后能方便剥掉豌豆的外皮。

制作豌豆

将豌豆从豆荚中挤出，把一锅盐水烧开，放入豌豆焯10秒后立刻捞出，放在冰水里冷却。之后过滤并拍干豌豆。

准备蛏子

准备好一个料理台来处理蛏子，全程需要动作迅速并在冰上低温完成。用一个便于操作的斜角抹刀，简单几步将蛏子肉分别从上壳和下壳剥离。分离蛏子肉和包裹它的"外衣"，"外衣"之后会用来制作蛏子高汤。在冰盐水里迅速清洗蛏子肉，洗掉泥沙。将洗净的蛏子肉放在料理盘上备用。

制作接骨木花和蛏子清汤

在一个锅里小火缓慢加热蛏子高汤。用腌接骨木花盐水、白醋和盐调味。

呈盘

高火加热不粘锅，彻底拍干蛏子肉。迅速将蛏子肉整齐地摆入不粘锅中，并用足够长的料理铁铲用力按压住蛏子肉。将蛏子肉贴锅底的一边煎焦黄后，立马将8条蛏子肉翻面。仅仅让翻过的这一面轻微煎一下，立马出锅。将蛏子肉的头尾轻微切掉，整理一下，从而更美观。

将蛏子肉切成薄片，呈薄薄的圆片状，放入小碗中，加入野生豌豆叶油和盐调味。在另一个碗中，用野生豌豆叶油和盐给豌豆调味。将调味好的蛏子肉平均放入4个温热的碗中，将调味后的豌豆撒在蛏子肉周围，倒入2勺温热的蛏子清汤后即刻上菜。

制作4人份

豌豆
» 去壳豌豆 500克
» 盐 适量
» 冰水 适量

蛏子
» 清洗干净的蛏子 8只
» 盐 适量
» 冰水 适量

接骨木花和蛏子清汤
» 蛏子高汤 1升（见第231页）
» 腌接骨木花盐水 20克（见第228页）
» 白醋 8毫升
» 盐 适量

呈盘
» 蛏子 8只
» 野生豌豆叶油 12毫升（见第230页）
» 盐 适量
» 带壳豌豆 100克

纽约市

一年的绝大多数日子里，纽约市都高速运转着。当太阳从布鲁克林区缓缓升起，到它在半空中越过曼哈顿区，最后在哈得孙河背后缓缓落下，这个城市里的人都在忙着各种各样的事情：走在上下班的路上，赶着最后期限完成工作，作为游客到处观光、搭车、挤进电梯或地铁车厢、在咖啡店前或者人行道上排队，还有许多这样类似的匆忙瞬间。

正在建造或者拆除的建筑工地上，工人们正在休息，卡车、公交车、警报声和叫喊声交杂在一起。有些人的演艺之梦在火车站里上演，此起彼伏的汽车喇叭鸣响歇斯底里地表达着想要快一点前进的渴望，这一切勾勒出了世界上最具活力的城市的景象。随着太阳下山，夜幕随之降临，在数不尽的大街上，一个城市的特征也随之起了变化。

在曼哈顿餐厅工作的这些年里，在这个时间节点，我们已经自打鸡血，在顾客陆续坐满餐厅之前，就把所有晚间服务的细节准备妥当。在厨房里，出单的机器会把订单按照菜单顺序打印出来，这样一来，前菜、主菜还有其他菜的顺序就会传达到厨师那里。每一道菜都仿佛在经历一场马拉松比赛。没有一点时间可以放慢脚步，一个订单接着一个订单，一直持续到深夜。

待到餐厅逐渐变空，只剩下几位客人边聊天边喝着餐后饮品，餐厅外的这座城市逐渐变身成了另一副模样。在最后一位客人离开后，我换下白色厨师服走到餐厅后门。我被这座城市击中了，也许是夏天时那潮湿的炎炎热浪向我汹涌而来，又顺着秋天的气流轻快地滑落；又也许是深冬里冻人的寒气从我脸上深入到骨头。不过无论这一年中的温度或时节如何，走上街头，那冒着热气的井盖、标志性的黄色出租车、街头小贩、西装革履的商人组成的画面，就像是电影里的某个场景，而这一流动的画面在你把这里称之为家时也变成了现实。

我爱纽约这座城市，因为变化多端的自然风光、不同冲突的融合和无与伦比的多元化增加着它的活力和魅力。每一天都会有惊喜和新鲜的可能性出现。一个人在这座城市住久了，会常常与意想不到的事情不期

而遇，因此也学会了不被第一印象所迷惑或者只注重外表。这一点对于建筑物和空间、公寓和生意，乃至于对人都一样成立。我记得在很多时候，我犹豫地打开一个看起来很奇怪或外观可疑的门，它可能是从地下室穿过的一个通风门，或者是一个没有标志的门，走上几阶台阶就能找到隐藏的宝藏目的地，这些地方不过几步之遥，却能被忙碌的人们所忽略。在住宅楼地下室的混凝土台阶下隐藏着一个舒适的清吧，一个外表看似如废弃旧工厂的空间，走上楼梯是一个令人惊叹的现代公寓。我在瑞典没有遇见过这样的场景，在那里，所有的东西就像完整包装好的产品一般，"包装"上清晰地描述了里面所含的内容物。这个城市永远拥有奇妙的不可预见性和未知的期待，这让我每时每刻都保持着清醒。

在这里，新旧商业模式交融在一起，现代化的建筑就坐落在半世纪的老房子旁，成荫的绿植挣脱了混凝土的牢笼。我喜欢这种任何角落都可拜访的感觉，从市中心传统的高级餐厅，到东西部乡村的小酒馆和普通餐馆。各种类型的饮食文化交融在一起：法餐、韩餐、中餐、西班牙料理、泰国料理、俄罗斯料理、意式料理、墨西哥餐、日本料理等。纽约总能为所有人都提供点什么。这是一座可以让你觉得宾至如归或者以某种方式与其相关联的城市。

从东河眺望曼哈顿和城市的天际线，这是在aska餐厅可以看见的风景，静静地就像一幅画。然而当我在河的对岸，也就是曼哈顿岛上，度过我人生中的大部分时光时，这里的风景则更具迷惑性。威廉斯堡在几年前还是一个相对安静的、未被大多数人熟知的地方，现在它的变化已经超出了我的想象，这与多年前我第一次造访这里的感受完全不同。那时，即便一家有野心的餐厅在这里，也无法吸引来自河对岸的食客。当年那些废弃的仓库或者有空中楼阁的区域，如今已经成为布鲁克林的一部分，在那里你可以探索最新潮的生活方式。

这是纽约市变幻莫测的特性，文化的开放性和对能量的吸引力、对创新想法、机会和创造力的渴求为aska今日的成功提供了可能性。我无法想象有比纽约更适合它存在的地方。纽约是我们作为餐厅身份的核心，它没有要求我们成为任何模样，只需要做好自己即可。

芜菁甘蓝，冬比目鱼子和菜籽油

慢烤芜菁甘蓝搭配冬比目鱼子以及用冷压菜籽油制作的乳化酱。

芜菁甘蓝，同时也以"瑞典甘蓝"这个名字闻名，自小时候起，它就是我喜欢的块茎类蔬菜之一。它同时也被认为是少有的自瑞典起源的蔬菜之一。尤其在这片土地上，在一年之中冷酷又黑暗的若干个月里，芜菁甘蓝是瑞典家庭传统菜肴的主角。我喜欢它质朴却令人惊讶的甜美，同时又带有一丝淡淡的苦味。冷榨菜籽油和比目鱼子能中和苦味。我们根据蔬菜的个头不同，烤制芜菁甘蓝30分钟到几个小时不等，尤其是遇到很大的芜菁甘蓝的时候。同时，在冬季我们会收集虽小却很美味的比目鱼子，将其腌制加工后保存起来，在之后一整年中使用。

制作芜菁甘蓝

将烤箱预热至148摄氏度 (燃气烤箱为2挡)。

将芜菁甘蓝烤软，需要大约3小时。稍稍切去芜菁甘蓝的头尾，并转圈去皮，并垂直对半切。将每半个芜菁甘蓝修整成直径4厘米的圆形，保留平整的底部和圆形的上部。

制作菜籽油乳化酱

在立式搅拌机里用中低速度搅匀蛋黄、蛋清、苹果醋和盐，直至搅动呈绸带状后，转低速，一点点加入菜籽油乳化，再加入法式酸奶油。将混合物放入氮气瓶中，并充入2号气瓶，充2次，保温在52摄氏度。

呈盘

将每个圆形芜菁甘蓝用菜籽油刷得闪亮，用海盐花调味。将芜菁甘蓝分别放在温热的碗里，旁边摆上10克冬比目鱼子。用一朵旱金莲花的花瓣装饰比目鱼子。把氮气瓶中的菜籽油乳化酱挤在芜菁甘蓝旁。即刻上菜。

制作4人份

芜菁甘蓝
» 小个芜菁甘蓝，搓洗干净后擦干 2个

菜籽油乳化酱
» 蛋黄 100克
» 蛋清 40克
» 苹果醋 14毫升
» 盐 8克
» 菜籽油 100毫升
» 法式酸奶油 100克

呈盘
» 菜籽油 适量
» 大片海盐花 适量
» 冬比目鱼子 40克
» 旱金莲花，花瓣均已择好 4朵

青花鱼和洋槐

每日新鲜捕捞的青花鱼、甜味洋槐花，搭配绿酢浆草酱汁。

当人们表示自己不愿意吃鱼腥味很重、脂肪含量高的鱼肉时，大多是因为他们吃到了不新鲜的青花鱼。这相当于在说"我不喜欢有霉味的葡萄酒"一样。新鲜的青花鱼毫无鱼腥味，是我挚爱的鱼之一，尤其是生吃的时候。然而，由于青花鱼含有大量丰富的omega-3不饱和脂肪酸，而导致它和其他鱼相比，很容易腐坏，因此，当人们说不喜欢吃青花鱼时，更多的是说不喜欢吃青花鱼里氧化后的脂肪。在这道菜里，我们用的青花鱼是当天捕捞的。稍微腌制一下青花鱼，让鱼肉更加入味，随后和甜洋槐花以及风味突出的酢浆草酱汁一同上桌。

制作酱汁

在一个锅中，把鳐鱼高汤、水和青花鱼骨放一起，文火慢煮30分钟。煮的过程中需持续撇去浮沫。用极细密网过滤鱼汤后迅速冷却。

将蛋清搅打至可以轻微成形，加热鱼汤后，用力、迅速地将打发的蛋白和白醋搅入鱼汤中，搅打20秒。迅速加热鱼汤，让鱼汤表面上形成一个由蛋白凝固膨发的"浮岛"，随后关火，以免鱼汤滚开后弄破"浮岛"。用细密的滤网小心地过滤鱼汤，注意不要搅动破坏"浮岛"。最后冷却鱼汤，倒入酢浆草汁搅拌，冷却备用。

呈盘

将青花鱼肉在白醋中涮一遍，轻轻拍干青花鱼肉，并摆放在菜板上，鱼皮向下。将一侧的鱼肉切片，并切断闪光的鱼皮一层，但在切到最外面的一层透明鱼皮前停下。轻轻地用刀片切横刀，将两层鱼皮分离，最外面透明的鱼皮弃用。将鱼肉纵切，每片鱼肉约3毫米厚度。

将3片鱼肉摆放在冷却盘子的中央，在盘子中间倒入2勺酱汁。把洋槐花丰饶地摆放在腌青花鱼片上。

制作4人份

制作酱汁
» 鳐鱼高汤 300毫升（见第232页）
» 水 300毫升
» 1条青花鱼的鱼骨，去头，在流动冷水里冲水去血
» 1个鸡蛋的蛋清
» 白醋 20毫升
» 酢浆草汁 200毫升

呈盘
» 中等大小青花鱼去骨鱼肉 1条，速成腌制10分钟后备用（见第231页）
» 白醋 适量
» 洋槐花 适量

炙烤景天茎、新鲜芝士和绿草莓

炙烤过的景天茎，配上每日新鲜制作的芝士和绿草莓。

景天茎只能在景天开花前采摘食用，否则开花后，景天茎会变得又硬又涩。搭配清甜的半熟绿草莓和当日制作的新鲜芝士一起上桌。

制作新鲜芝士

在一个广口大锅里，开中高火煮牛奶。随后搅入奶油和白脱牛奶。让这锅混合物冷却至48摄氏度。再小心地搅入植物凝乳酶，静置约40分钟。届时一个大型软凝乳会在中心成形，而乳清会沿着锅的内壁包裹在凝乳外面。用一把平直的抹刀小心地将凝乳切成四等份。之后继续静置1小时30分钟。

制作绿草莓汁

将汁水集中混合，放在冰上冷藏保存，备用。

炙烤景天茎

准备一台很热的烤架，并保持烤架架在火源上。将景天茎放在烤架上，迅速炙烤至焦香紧实后，把景天茎转移至食物容器内，撒上盐和旱金莲花油调味。把容器盖好，以保留余温炙烤茎秆所释放的蒸汽。备用。

呈盘

舀出新鲜芝士，用纱布过滤，再分别放在四只冷却过的碗的中央。在芝士上叠放炙烤景天茎和提前切好的腌制绿草莓片。把旱金莲叶油与绿草莓混合汁搅拌在一起，每碗芝士周围浇上2勺酱汁即可。

制作4人份

新鲜芝士
» 全脂牛奶 900毫升
» 全脂奶油 50毫升
» 白脱牛奶 50毫升
» 植物凝乳酶 20毫升

绿草莓汁
» 半熟草莓汁 300毫升
» 酢浆草汁 200毫升
» 苹果汁 100毫升

炙烤景天茎
» 嫩景天茎（景天植株的支秆，非主茎）300克
» 旱金莲花油 20毫升（见第230页）
» 盐 适量

呈盘
» 腌制绿草莓8颗，三等分（见第228页）
» 绿草莓汁 100毫升（取自上述材料）
» 旱金莲叶油 20毫升（见第230页）

扇贝、扇贝膏和接骨木花

扇贝连同其切片的扇贝膏一起上桌，再搭配还未全熟就摘下来腌泡的接骨木果，以及用烤扇贝与接骨木花制作的酱汁。

每天，我们都会收到一批鲜活的扇贝。在每次开餐之前，才会撬开扇贝再准备上桌。把扇贝从壳里取出，清洗干净，并迅速在烧烤架上烤制一两秒，以获得轻微的烧烤风味。这道菜最关键的一点在于扇贝的质量——必须无比新鲜，每天清晨新鲜捕获，其肉的质感和鲜甜能和酱汁融合，达到充分的平衡。这道扇贝上桌时会微微凉，侍者会将一旁还在冒烟的酱汁倒在盘子里，这道酱汁是用烤扇贝和接骨木花制作的。在扇贝周围会摆放扇贝膏切片以及腌制青接骨木果。

准备扇贝

在开扇贝前，要准备好一个工作台。因为扇贝的制备需要快速地在冰上完成。用一把弯形抹刀，尽量三两下将扇贝肉从上壳分离开。之后再同样地将其和下壳分开。保留扇贝壳。从扇贝肉的外展肌开始（即常见扇贝肉的边缘有一小条看起来和扇贝肉差不多但小小一条、口感更劲道的肌肉），将扇贝的裙边等与主肌肉分离。迅速将扇贝放入冰盐水里，洗净泥沙。把扇贝膏从裙边上取下，并静置于食物托盘上，托盘下面需要有冰持续为扇贝膏降温。直到扇贝膏变硬以后就可以使用了。清理扇贝的裙边备用。把处理干净的扇贝肉放在垫有厨房纸巾的食物托盘上。

把扇贝壳洗刷干净并在洗碗机中清洗一次。

制作扇贝黄油

大火加热炒锅，倒入油并放入扇贝裙边煎炒，需不断翻炒，防止粘锅。之后转小火，待裙边收缩、汁水释放。加入一半的黄油，并用中小火慢煮出黄油中的水分。当裙边开始变成棕黄色时，把锅内煮的所有东西倒入搅拌机内。高速搅拌几秒钟后，重新倒入锅中，加入剩下的一半黄油，并用中小火慢煮出其中的水分。待锅中的固体开始变成棕色时，转至小火继续煮20分钟。之后将混合物用极细密网静置过滤。之后放在容器中晾凉备用。

制作扇贝高汤

大火加热炒锅，倒入油并放入扇贝裙边煎炒，需不断翻炒，防止粘锅。转中火，待裙边收缩、汁水释放时，加入水，煮开。持续煲汤水，直到汤汁收汁到一半。用极细密网过滤高汤后放入急冻冰箱中迅速降温。

制作4人份

扇贝
» 大号且带有扇贝膏的活扇贝4只
» 水 适量
» 盐 适量

扇贝黄油
» 扇贝裙边，将泥沙、分泌物等都完全清洗干净，取1只扇贝裙边的½即可
» 黄油 100克

扇贝高汤
» 除扇贝黄油需要用到的裙边外的其他所有扇贝裙边，将泥沙、分泌物等都完全清洗干净
» 水 1升
» 蛋清 1个
» 白醋 10毫升

扇贝酱汁
» 扇贝高汤（由上述材料制作）1升
» 接骨木花烈酒 25毫升
» 扇贝黄油（由上述材料制作）55克
» 腌制接骨木花的腌泡汁 30毫升（见第228页）
» 白醋 8毫升
» 盐 适量

呈盘
» 扇贝壳（取完扇贝肉后，将壳保留备用即可）
» 干草枝、干树枝等，带有叶片等最佳 8条
» 约2.5厘米×2.5厘米的苔藓底座 4块
» 扇贝膏切片 8片
» 腌制青接骨木果 16克（见第228页）
» 香车叶草油 适量（见第230页）
» 大片的海盐花 适量

扇贝、扇贝膏和接骨木花

在碗里打发蛋清，直到蛋白可以直立成形。在锅中加热扇贝高汤，用力将蛋白和白醋加入汤中并搅拌20秒。迅速加热高汤，让蛋白可以在汤锅表面凝结，随后关小火，以防高汤沸腾，冲破了凝结的蛋白。之后轻轻澄清高汤。小心地用极细密网过滤高汤，注意不要破坏了凝结的蛋白。冷藏过滤好的高汤，备用。

制作扇贝酱汁

在一个锅里将扇贝高汤熬煮收汁至一半，另起一个锅，倒入接骨木花烈酒，加热，以挥发其中的酒精。加入收汁后的扇贝高汤，再加入扇贝黄油，将其融化后，用腌泡汁、白醋和盐调味。

呈盘

在盘子上对称地摆放扇贝壳，一个正面一个反面。在作为容器的贝壳下面垫上苔藓，并用细枝、香草等在四周做装饰。

准备好炭火烧得很旺的烧烤架。在扇贝两面刷上薄薄的油，每一面各在烤架上烤10秒钟。

烤过的扇贝应是紧致、半透明的，但扇贝中心仍然是凉的。

将每颗扇贝切成约6毫米厚的片，一般可切3～4片。

摆盘的同时，将扇贝酱汁煮开。把切片的扇贝摆放在扇贝壳上，再放上两片扇贝膏切片。将备好的腌制青接骨木果分成4份，在每份扇贝肉的一角堆1份腌制青接骨木果。洒上几滴香车叶草油，再撒几片海盐花。每份扇贝加2勺酱汁，要确保每份酱汁都有充足的汤汁和扇贝黄油。

蓬子菜烧羊心

在用新鲜蓬子菜烧制之前，我们将羊心腌制并磨成粉。先焙烤羊心，以达到熏干的效果，之后用火将它彻底地烧一遍。最后羊心会和腌制发酵过的洋姜一起上桌。

在餐厅开业的那个夏天之前，某个初春的早晨，莫顿、凯文和我开着车朝纽约州的北部走去，去往卡兹奇山去寻找更多食材并拜访当地我们最喜欢的几个农场。驶离纽约市的2小时后，两边的风景从成荫的茂密树林变为开阔的田地，如画的绿色山丘在两边不断延伸。之后我们开过了坡道上的一片菜地——这片菜地我们在上一年就遇见过——然后来到一座山前，时机绝佳地看到夕阳缓缓降落，牧羊犬正在温柔地绕着羊群跑。夕阳西下，天空越来越红。整座山好似被火紧紧包围，而羊群摇曳在其中。就是这一刻，激发了这道菜的灵感。尽管这道菜展示的是焚烧和灰烬，但它并非缘于展示"aska"（瑞典语里"灰烬"之意）的含义，也并不会尝起来像是烤煳的吐司。它的味道更像是烟熏的羊肉和发酵过的甜味青草，并让人联想到在漂亮农场的谷仓旁，悬挂着的那捆干草的香味。

制作羊心灰

清理干净羊心周围的脂肪，另存备用。将羊心对半切开，清理掉所有的血管。用黑糖和盐制作腌料。在一个干净的容器里（保证糖和盐不会和容器产生化学反应），用腌料腌制羊心，在冰箱里腌制2天。

2天后，取出羊心并彻底冲洗干净糖和盐，用厨房纸巾将羊心擦干。把2片羊心摊放在垫有托架的食物托盘上，放在阴凉通风处。带风扇循环的冰箱是最佳选择。让羊心在这样的状态下慢慢风干。1周以后，羊心应该足够干足够硬，可以用微刨刀（microplane）刨成粉末。

将刨成粉末的羊心放入炒锅内，低温小火翻炒，其间需不断搅拌、刮锅底，直到炒成深色且干燥的粉末。用新鲜的蓬子草盖住这锅粉末，并用喷枪把这锅香草和羊心烧成灰，同时需要不断刮拌锅底。在搅拌机内，把这锅混合物打成粉末。将这堆粉末在不粘锅里高温迅速翻炒，可以用硅胶铲不断翻搅，以尽量炒干其中的水分。此后再次用喷枪喷炙这堆粉末，直到呈纯黑色。将这堆粉末放入搅拌机再次研成粉末，用极细密网过筛后，保存在冷冻室备用。

制作羊脂

把羊脂肪和少许水一起倒入锅中。将锅中的混合物烧开并把脂肪里的油脂彻底熬出来。将脂肪用细筛过滤，倒入挤压式酱料瓶备用。

制作4人份

羊心灰
» 羊心 1颗
» 盐 70克
» 黑糖 70克
» 新鲜蓬子菜 45克

羊脂
» 羊心周围的脂肪（从上述材料中获得）
» 水 适量

呈盘
» 腌制洋姜，切细小颗粒 2块（见第229页）
» 洋姜乳化酱（见第232页）

蓬子菜烧羊心

呈盘

加热羊脂。将洋姜粒放在小型酱料碟的中央。在洋姜粒上倒入4～5滴羊脂。在餐盘中央放置一个5厘米直径的圆形模，并在模具中央放入洋姜粒。将一团洋姜乳化酱倒入模具里，盖住洋姜粒。均匀地撒上羊心灰，以完全盖住这团乳化酱。即刻上菜。

蓬子菜烧羊心

呈盘

洋姜

一道清新自然的素菜，用榛子黄油煎甜渍洋姜。

制作香煎甜渍洋姜

纵向对半切开洋姜，并用纸巾拍干表面汁水。在煎锅里加入黄油，开中火加热。加入洋姜，切面贴锅底煎，在吱吱响的黄油里开始煎炸洋姜。当黄油开始变棕黄色时，用勺子把黄油舀起来，淋在洋姜上，通过这样的办法继续烹煮洋姜，不要翻面。之后将洋姜起锅，在锅中加入一勺腌渍洋姜的汁水，作为酱汁备用。

呈盘

在稍偏离盘子正中的地方挤上一团洋姜乳化酱，在酱旁摆上煎好的洋姜，再在周围摆放野菊花。在盘子周围淋上1勺榛子黄油制作的酱汁即可。

制作4人份

香煎甜渍洋姜
» 甜渍洋姜 4块（见第228页），外加30
　毫升的腌渍汁
» 黄油 50克

呈盘
» 洋姜乳化酱（见第232页）
» 野生雏菊花 若干

腌鸽胸肉和腌鹅莓

将发酵过的鸽胸肉迅速用桦树木烧的炭火烤好后，同腌鹅莓一起上桌的小吃。

烤制鸽胸肉

修整、清理鸽胸肉，并保持其薄薄的外皮完整。将盐和红糖混合在一起，均匀涂抹在鸽胸肉表面，并冷藏过夜。之后完全冲洗干净鸽胸肉上的盐和糖，并彻底擦干表面的水分。

准备一个烧烤架，烤架下面有薄薄一层烧得很旺的炭火。在鸽胸肉表面刷一层油，把桦木块放在炭火上。快速地烤鸽胸肉2分钟，每面各烤1分钟。之后离开火源，静置5分钟。

呈盘

切1片鸽胸肉薄片，将鸽胸肉薄片和1颗腌鹅莓串在桦树枝上，立即上菜。

制作4人份

鸽胸肉
» 鸽胸肉 1块，悬挂风干 2周
» 盐 25克
» 红糖 25克
» 无味烹饪油，烤肉用 适量
» 桦木块，烤肉用 1小块

呈盘
» 桦树细枝，装盘上菜用 4条
» 腌鹅莓 4颗（见第229页）

带骨鹿肉小吃

这是一道将切薄片的生鹿肉放在鹿骨上的小吃。鹿肉用烤白桦树榨的油调味，并最终和红海藻、杜松子一起呈盘。

鹿肉的供货量特别少，因此如何将它放入我们的菜单完全取决于在那个时期我们能购入多少鹿肉。鹿肉总让我想起秋天，气温开始转凉，野味的季节随之而来。

我个人很喜欢烹饪和品尝野味，但我从来没去捕猎过。直到几年前，我的朋友、伦敦Lyle餐厅的主厨詹姆斯·罗意成（James Lowe）邀请我和其他几位主厨朋友，一起专门烹饪野味、制作一场特殊的晚宴。前往苏格兰乡村进行第一手捕猎体验也包含在了这次的晚宴之行中。两位当地猎人和一只小狗作为我们的向导，我们半夜出发，在还没铺好的路上驾驶，直入乡郊野外。我们在漆黑的夜晚步行至黎明将至。这次的狩猎计划是在山沟中静候猎物，大概位于山和田地交汇处的森林界限。在黎明时，我们可以等到鹿群的到来，它们往往在这个时候从山上下来，进入林中，并在树林的掩饰下度过白天的时光。一开始，鹿群只在远远的山上，就算用望远镜来看也仅仅是一群黑点。几个小时的时间内，我们一直在沟底等待，之后一声枪声打破了寂静，子弹射死了远处的一只鹿，这只鹿会在处理干净后被带到Lyle餐厅。在这枪声以后，我们安静地待了一会，因为一条生命的流逝是应当被悼念的。我认为所有厨师和所有人都应该知道这些食物是如何被带到餐桌上的。

制作盐腌杜松子

在干净且不和原料食材发生反应的容器里，用盐将绿杜松子完全盖住，腌制24小时后，取出杜松子。不用水冲洗，而是将杜松子放在筛子里，抖动并筛掉杜松子上的盐。将糖和醋搅拌均匀，做腌泡汁水。把杜松子放入另一个干净的、不和原料食材发生反应的容器里，倒入腌泡汁水，没过杜松子。至少腌制1个月再食用。

呈盘

将鹿里脊肉切成薄片。在鹿肋骨的一头刷上浓缩的鹿肉汤，再将1片掌状红皮藻、1片鹿肉交替着紧紧缠在骨头上，再在每份小吃上摆上5～6颗腌绿杜松子。最后用雏菊花瓣和海盐盐片装饰。

制作6人份

盐腌杜松子
» 绿杜松子 200克
» 白醋 600毫升
» 糖 300克
» 盐 适量

呈盘
» 鹿里脊，熟成2周 200克
» 鹿肋骨，刮净肉和筋膜以后焯水并再次搓洗干净 6根
» 鹿肉汤，收汁浓缩至浓浆状 600毫升
» 盐腌杜松子 30～36颗（由上述材料制作）
» 干掌状红皮藻，切成细条 20克
» 雏菊花瓣，切细条 若干
» 大片海盐盐片 适量

熟成1年以上的牛肉、蘑菇和奶油

将熟成后的奶牛腿肉切薄片，搭配稍打发的用鸡油菌和杜松子调味的奶油。

这是一道由熟成牛肉组成的菜，牛肉来自3岁大的奶牛。这些奶牛来自纽约州北部，在山林环绕的草场里成长。在奶牛腿熟成了18个月、发展出复杂又特殊的风味后，我们第一时间为客人奉上了这道菜。搭配牛肉的是稍打发的奶油，加入了干鸡油菌和杜松子的风味。

制作蘑菇奶油

锅中倒入奶油、干鸡油菌粉和盐，混合后烧开。随后将锅移开火源，静置20分钟。在混合奶油尚有余温时，将奶油用很细的滤网过筛，过滤完毕后晾凉并放入冰箱备用。

呈盘

牛肉切薄片。将牛肉以3片为一份，分成4份，每一份的牛肉片叠在一起。从牛肉的左起⅓处放上5克的腌牛肥肉细丁，再将剩下的⅔牛肉折叠起来，盖住肥肉丁，再将折叠起来的牛肉修整为半圆形。将4份牛肉分别在4个冷藏的餐盘上，在中心靠左的位置放上1份叠好的牛肉，再在上面摆放9颗腌绿杜松子。将冷藏好备用的蘑菇奶油打发至中等硬度，舀半勺打发好的奶油。在奶油上摆放切薄片的小鸡油菌。将整个勺子放在餐盘的靠右处。

制作4人份

蘑菇奶油
» 奶油200毫升
» 干鸡油菌粉25克（见第233页）
» 盐3克

呈盘
» 牛腿肉，取自熟成1年以上的牛腿 100克
» 腌牛脂肪（见第231页），切细丁20克
» 腌绿杜松子（见第229页）36颗
» 小鸡油菌，切薄片6个

插在树枝上的烤鳗鱼头

烤鳗鱼头刷上咸咸的蘑菇浓浆，搭配鳗鱼和云杉制作的酱汁。

制作发酵蘑菇浓浆

将松树蘑冷冻。把冻好的蘑菇同盐一起放入真空袋抽真空，放在25摄氏度的室温下1周。之后开袋并用极密细网过滤。

在锅里混合过滤后的蘑菇汁水、水和黑糖。小火煮开后收汁浓缩至糖浆状。用盐和白醋调味后备用。

准备鳗鱼头

请确保鳗鱼头清洗干净，没有残存的血。将鳗鱼头浸泡在6%腌制盐水里一整夜，之后捞出鱼头并用冷水冲洗干净，轻轻用厨房纸巾拍干鱼头的水，备用。

制作烤鳗鱼油

准备一个烧得很旺、温度很高的炭烤炉。彻底烤制鳗鱼骨，之后晾凉并简单地将鱼骨砍碎。将鱼骨和油一起装入真空袋，抽真空后在52摄氏度的水浴机里恒温煮1小时。过滤后留存备用。

制作烤鳗鱼乳化酱

将蛋黄和白醋倒入食品搅拌机中，搅拌几秒钟后形成乳化酱基底，让搅拌机继续匀速搅拌，并慢慢加入两种油，以乳化酱汁。用盐调味后备用。

呈盘

使用之前，将云杉树枝在水中浸泡30分钟，然后从鱼头背后一直穿到鱼嘴处。

准备一个烧得很旺的炭烤炉，在鱼头刷上少许烹饪油，将鱼头两面都烤一遍，尽量让两面都烤上烤痕。在烤好的鱼头上刷上发酵蘑菇浓浆。将烤鳗鱼头摆上木板。在木板的一角放上1勺烤鳗鱼乳化酱，并从这团酱的中心处压一个凹槽，在凹陷处倒入云杉油，并在酱的外围一圈摆上嫩针叶。即刻上菜。

制作6人份

发酵蘑菇浓浆
» 松树蘑 700克
» 盐 14克，可多准备些用作调味
» 水 200毫升
» 黑糖 150克
» 白醋 8毫升

鳗鱼头
» 鳗鱼头 6只
» 6%腌制盐水 适量（见第229页）

烤鳗鱼油
» 鳗鱼骨 500克
» 无味烹饪油 500毫升

烤鳗鱼乳化酱
» 蛋黄 2个
» 白醋 10毫升
» 烤鳗鱼油 200毫升（从上述材料中获得）
» 无味烹饪油 50毫升
» 云杉油 50毫升（见第230页）
» 盐 适量

呈盘
» 结实又好看的小云杉树枝 6枝
» 无味烹饪油 适量
» 云杉油 25毫升（见第230页）
» 小云杉树上摘取的嫩针叶 适量

猪血松饼、玫瑰和玫瑰果

猪血松饼、玫瑰花瓣和玫瑰果果酱。

在我小学学校的门口有一块足球运动场，周围围了约3米的围栏，而在围栏之外，则是整个和足球场一样宽的玫瑰花地。在足球被踢出界飞过围栏的时候，足球总会在花地里弹几下然后直接落在里面。围栏太高，没办法翻过它去捡球，但大家却总是把球踢出去，于是几个踢球的朋友一起在围栏下方开了几个口，我们就可以从这些被掰开的铁丝中间穿出去或者从它们下面爬出去。玫瑰的刺会刮破我们的手臂和双腿，T恤和裤子也会被钩住，尽管如此，我们可以把球取回来，就是值得的。这个经历，让我在后来听到玫瑰花香的时候，总感觉似乎回到了那块足球场和那块被玫瑰缠绕的围栏，以及我的小学时光。

学校也有隔周提供一次血布丁的惯例。在学校不提供血布丁的时候，我们就会在家里吃家常版血布丁。我很爱吃这种食物。我相信每个小孩都喜欢吃，直到他们成长到某个年龄以后发现，血真的就是血。我的祖母来自瑞典北部，在那里，人们将血、猪肉和做饺子的面糊混合。在纽约的时候，有很长一段时间我都没办法找到合适的猪血货源。在中国城的部分食品店是可以买到猪血的，但因为这些猪血无法全部做到产地溯源，因此我无法在自己的餐厅使用。之后我找到一家养曼家利察猪的农场提供猪血，这才有了餐厅食材。来自瑞典、欧洲和亚洲的客人都非常喜欢这道菜，但很多美国客人在听到"血"这个词的时候仍然非常犹豫要不要尝试一次。

准备盐腌猪油

将猪板油从腌料里取出，冲洗干净并擦干。将猪板油对半切，留一半做他用。另外一半切成小丁，冷藏备用。

制作腌制玫瑰花瓣

花瓣摘下后，按大小分为2份。将2份不同大小的花瓣分别装入干净、不会与腌料产生反应的容器里。将玫瑰醋倒入容器里，没过花瓣。花瓣腌制至少1周。

制作玫瑰果果酱

将玫瑰醋、糖和玫瑰果倒入锅中混合，煮开后调至小火，将干玫瑰果煮到膨胀并完全松软后，加入盐并搅拌均匀。将这锅混合入放入食物搅拌机中并搅拌成泥状，并用极细密网过筛一次。加入柠檬汁调味，必要时可再加入一些糖。完全冷却后再装入挤压式酱料瓶中。

制作15份松饼

盐腌猪油
» 腌猪板油 50克（见第231页）

腌制玫瑰花瓣
» 玫瑰 10朵
» 玫瑰醋 适量（见第228页）

玫瑰果果酱
» 玫瑰醋 1升（见第228页）
» 糖 1千克，可稍多备以腌制用
» 干玫瑰果 600克
» 盐 10克
» 柠檬汁 适量

猪血松饼
» 蜂蜜 45克
» 糖 15克
» 蛋黄 1个
» 融化的黄油 50克
» 新鲜的猪血 150毫升
» 黑麦老面面团 25克（见第64页的扁面包食谱）

猪血松饼、玫瑰和玫瑰果

制作猪血松饼

将蜂蜜、糖和蛋黄放入立式搅拌机里混合乳化，慢慢加入黄油搅拌，再加入猪血，最后将黑麦老面一起加入并搅拌至均匀顺滑为止。猪血松饼在之前需要至少静置1小时。

呈盘

沥干大片的腌制玫瑰花瓣，玫瑰醋可以留下来再腌泡一次玫瑰花瓣。将花瓣一一展开，在食物托盘上整理一下，花瓣的内侧（凹下去那面）向上，所有花瓣的摆放方向一致。在每片花瓣的下半部分挤上几点玫瑰果果酱，在果酱里放入2粒盐腌猪油丁。将花瓣从中间对折，用上半部的花瓣盖住下半部，这样可以将果酱和猪油丁完全盖住。每个猪血松饼需要5瓣花瓣。

开中火，预热铸铁煎饼盘（这种铸铁煎饼盘是用来煎瑞典传统小松饼的多孔铁盘）。在每个孔内都刷上软化黄油，倒入面糊并煎至松饼开始发起来，饼的外缘煎出小小气孔，饼开始成形后，用小铲把松饼翻面并完全煎熟。起锅并用海盐花调味。

趁热在松饼上各挤上中度大小的玫瑰果果酱。随后，将5朵裹好的腌制玫瑰放在松饼上，花瓣开口朝下，叠放呈一条直线，最后用新鲜玫瑰盖在松饼上。喷少许玫瑰醋，以保持玫瑰花瓣的湿润。即刻上桌。

呈盘
» 软化黄油，煎饼用 适量
» 大片海盐花 适量
» 玫瑰醋，装在小喷壶里（见第228页）
» 新鲜玫瑰花瓣 75瓣

鲜帝王蟹肉和山胡椒

　　从挪威直送的新鲜帝王蟹肉，蟹腿肉被轻柔地撕成条状，搭配与山胡椒枝叶一起炭烤的新土豆、烤过的蟹和山胡椒叶煲煮的清汤，再加上在烟熏油里浸熟的鹌鹑蛋黄。

制作蟹清汤

　　准备一口锅，中火，将提前准备好的1升蟹汤收汁浓缩到⅓的量。开大火烧开，加入新鲜的山胡椒叶，关火。让山胡椒叶在汤里浸泡5分钟，之后立即过滤，并静置备用。

制作蟹油

　　准备一口小锅，中火，倒入蟹壳和油。烹煮15分钟，直到油温升到125摄氏度。将一个碗坐在冰上，把蟹壳和油一起倒入碗中冷却，再用细密的网过筛一遍。蟹壳可扔掉，将油装入一个小的挤压型酱料瓶里，冷藏备用。

制作油浸鹌鹑蛋黄

　　将蛋黄和蛋清分离，保留蛋黄备用，蛋清留作澄清蟹汤的原料。将蛋黄放入一个容器中，将烟熏油浸没蛋黄。把整个容器放入65摄氏度水浴机中烹饪45分钟。之后将油和鹌鹑蛋黄倒入另一个容器，在52摄氏度的水浴机中保温备用。

制作炭烤土豆

　　用喷枪将土豆的表面烤焦，但不要在这个过程中将土豆内部烤熟。把土豆和山胡椒枝一起放入锅中，用冷水浸没并加入盐调味。将整锅材料煮开并继续煮15秒。之后关火，把锅挪离灶台，让土豆在水中慢慢浸熟。

呈盘

　　蟹腿去壳，可以用剪刀在蟹腿的一侧剪开切口。打开蟹壳并拉出雪白的蟹肉。用几滴烧树叶焦香油、蟹油和盐调味。加热蟹清汤。

　　将蟹肉舀成橄榄形的肉球，并分别放入温热碗底的一侧。在蟹肉球的对角线处摆放2个土豆，并在碗的中央放入一颗浸熟的鹌鹑蛋黄。倒入适量加热后的蟹清汤，并滴入若干滴烟熏油。再摆上4～5朵腌野生胡萝卜花即可。

制作4人份

蟹清汤
» 蟹汤 1升（见第231页）
» 新鲜的山胡椒叶 15克

蟹油
» 蟹壳 100克
» 无味烹饪油 200毫升

油浸鹌鹑蛋黄
» 鹌鹑蛋 6只
» 烟熏油 适量（见第230页）

炭烤土豆
» 小个的新土豆 8个
» 山胡椒枝 10克
» 水 适量
» 盐 适量

呈盘
» 挪威帝王蟹腿 2支
» 烧树叶焦香油 4毫升（见第230页）
» 蟹油 4毫升（取自上述成品）
» 烟熏油 适量（见第230页）
» 盐 适量
» 腌野生胡萝卜花 适量（见第228页）

香煎帝王蟹、新土豆和欧当归

将挪威产帝王蟹放入煎锅里，用正在冒泡的热黄油轻柔地浇淋烹煮，搭配和欧当归一起烹饪的新土豆和用烤蟹制作的清汤。

新土豆在瑞典极受欢迎，它被看作是夏天到来的前兆。我在纽约的时候，每一年也总在盼望着它的出现。我们已经在瑞克——我们的老朋友，也是一位农场主——那里持续得到新土豆的货源。他的农场就在我们回纽约上州的家的路上，我总会在路过的时候顺便拜访，看他的农作物长势如何了。瑞克是我见过的非常有活力也非常亲切的农场主之一，每次在我突然出现在他的农田上时，他总是给我一个灿烂的微笑和亲切的拥抱。每个季度，他的口袋里总能掏出一些新作物，让我们眼前一亮，他也总在试验新作物。无论如何，他种的土豆永远货源稳定又出奇地质量上乘。

制作蟹清汤

准备一口锅，将提前准备好的1升蟹汤收汁浓缩到⅕的量。加入欧当归，关火。让欧当归在汤里浸泡5分钟后，即刻过滤，汤汁备用。

制作欧当归黄油

起一口锅，加入盐水煮开。将欧当归叶焯火断生后马上放入冰水里冷却。挤压叶子，排干水分。在帕克婕万能磨冰机加入欧当归叶和黄油，搅打一次。之后将欧当归黄油彻底冷冻后，再用帕克婕万能磨冰机搅打一次。在最后出餐使用前，再冷冻并搅打一次，让欧当归黄油蓬松柔软，又均匀柔滑。

准备土豆

起一口锅，装入土豆和欧当归，并加入足够的水盖过食材，加入盐调味。水开以后再煮15秒。随后关火，将锅挪离灶台，让土豆再热水中慢慢浸熟。

呈盘

把蟹肉从蟹腿里剥出来，并按份数分好。加热清汤。在一口锅中，加入少许之前煮土豆的水，用来加热土豆。起一口不粘煎锅，高火加热，在蟹肉上刷室温软化后的黄油。在锅中煎制蟹肉，每一面大约煎制12秒即可。

用1勺欧当归黄油来拌土豆，让它们看起来更加油亮有食欲。

将拌好的土豆紧密排放在热盘子的一侧，将蒜味芥末叶摆放在土豆上面。土豆旁摆放一块煎好的蟹肉。在盘子一侧点缀蒜味芥末叶。倒入蟹清汤并即刻上桌。

制作4人份

蟹清汤
» 蟹汤 1升（见第231页）
» 欧当归 30克

欧当归黄油
» 黄油 250克
» 欧当归叶 150克
» 水 适量
» 盐 适量

土豆
» 小个的新土豆 400克
» 欧当归 50克
» 冰水 适量
» 盐 适量

呈盘
» 挪威帝王蟹腿 2只
» 软化黄油 20克
» 蒜味芥末叶和花 适量

轻度腌制的鲱鱼和腌泡阔叶葱

仅仅稍加腌制发酵的鲱鱼、在阿瓜维特酒中浸泡过的阔叶葱和香雪球花。

腌鲱鱼算得上是瑞典的传统食物，要吃它需要搭配几杯阿瓜维特酒，用来冲掉腌鲱鱼的刺激气味。实际上我觉得腌鲱鱼有着很棒的风味，但我也不得不承认，只有吃一丁点的时候才能感受到这份风味带来的愉悦。在我们的餐厅里，您绝对不会品尝到与任何鲱鱼罐头有一丁点相似的味道。我们将鲱鱼放入盐水中腌泡，缓慢地发酵，慢慢达到完美的味道。我们的发酵仅仅是为了让鲱鱼的风味变得更加完美。

腌鲱鱼

将鲱鱼彻底冲洗干净，并放入一个干净且适合腌制的容器里（容器本身不会和糖、盐发生反应）。用盐水彻底浸泡鲱鱼2周。到时间后从盐水里取出，冲洗干净并冷藏备用。

制作软洋葱奶油

取一口中型大小的锅，将白洋葱、阔叶葱、黄油和盐全部混合倒入，小火慢慢加热。当黄油融化后，用剪成的与锅口大小一样的圆形烘焙纸贴住食材并盖住食材。继续用小火烹煮，保持整锅食物一直在煮开的状态，让黄油和煮蔬菜时释放的汁水充分混合乳化。当洋葱软化、但还没变成焦糖色时，起锅过滤掉汁水，倒入搅拌机，加入法式酸奶油打碎成泥，直至细密顺滑。充分冷却备用。

打发鲜奶油至可以立起来，不要打发过头。再将其加入打好的洋葱泥中搅拌。用盐调味后，装入小裱花袋备用。

制作烤阔叶葱汁

准备一个烧得很高温的炭烤架，炙烤阔叶葱，但不要烤得太焦。把烤热的阔叶葱放入食品搅拌机中，加入水，高速搅拌15秒。将这份烤阔叶葱和水的混合物静置浸泡1小时，再用细筛过滤，将汁水保存在碗里。

另起一口锅，加入腌阔叶葱汁、糖和盐，烧开整锅混合物，充分溶化糖和盐。充分冷却后，加入烤阔叶葱的汁水。冷藏备用。

呈盘

鲱鱼去骨，取鱼肉。将鲱鱼肉片成6毫米厚，并纵向将鱼肉切成条。分别在4个盘子的左侧摆放1条鱼片。在鲱鱼两侧点上6～7点软洋葱奶油，再摆放3片腌阔叶葱切片和几朵香雪球花。在烤阔叶葱汁里加入接骨木花油，并在每个盘子的中间倒入1勺此酱汁，即可上菜。

制作4人份

腌鲱鱼
» 清理干净的鲱鱼 1 条
» 水 1.5 升
» 盐 300 克

软洋葱奶油
» 白洋葱切片 200 克
» 阔叶葱葱白切片 50 克
» 黄油 50 克
» 盐 10 克，可多备少许盐调味用
» 法式酸奶油 50 克
» 鲜奶油 25 毫升

烤阔叶葱汁
» 阔叶葱，白色根部到红色茎秆部分 300 克
» 水 400 毫升
» 腌阔叶葱的腌泡汁 100 毫升（见第 228 页）
» 糖 50 克
» 盐 10 克

呈盘
» 腌阔叶葱 12 根（见第 228 页），纵向对半切开
» 腌泡在阿瓜维特酒的香雪球花 12 朵（见第 229 页）
» 烤阔叶葱汁 100 毫升（从上述备菜过程中取得）
» 接骨木花油 20 毫升（见第 230 页）

纽约上州

春分过后

我悄悄地笑了，径直看着我面前的白桦树冠。我早就想把它们修剪一下，但一直没时间去纽约上州。看看这棵树，表皮有带着岁月痕迹的明显的黑色伤疤，也许是因为这些年来一旁的树掉落在它身上。靠近主树干上两枝较大的分枝也折断了，但仍有些许联结，已经有小叶子和新的嫩芽冒了出来。

这种特别的桦木味道让我想起了瑞典，夹杂着清晨露水和初夏味道的瑞典。许是因为以前我们习惯在放暑假前的最后一天给学校老师送上一束添加了桦木枝的花束，又或者是因为人们在仲夏庆典时用桦木绑扎皇冠和装饰品，在一年中最长的白天翩翩起舞。在aska，我们把桦木添加在雪糕口味里作为甜点，但我已经忘记它是从哪里采摘的。去年春天，我们带着很多不同类型的树枝和其他调味料回到厨房，我已经无法确切地记得我们使用的是哪一种。而在此时，我发现自己正好站在这棵树下，这是我每天早晨经过门廊时首先映入眼帘的场景，也是我每次走过低处的草地和溪流必须经过的地方。现在正值春天，那新生的嫩叶在阳光的照射下仿佛透明一般。我脚下的地面还混有去年的叶子和杂草，在经历了数月的积雪后缓慢地分解。它们正让位给新芽，后者满溢着春天的力量。

我竭尽全力把手臂高举过头顶，然后轻轻一跳，抓住我头顶的桦木枝干，轻轻地将它拉下来以便更好地抓住，然后用另一只手摘下了一片附在小细枝上的嫩叶，直径约4厘米。我继续一手抓着那根树枝，另一只手用拇指和食指用力捏碎这几乎透明的叶子，然后将它凑近我的脸。一股难以忘怀的香味充斥着我的整个大脑。来自春天的新鲜香味在脑中萦绕。我再一次深嗅这片叶子并把它放进我的嘴里咀嚼，由此带出了一连串的回忆。它非常柔软以至于没嚼几口就在嘴里融化。我很长一段时间都在寻找这种桦木，但它其实一直在这个房子的前方矗立着。去年夏天莫顿和我曾尝试在一棵同样的树上榨汁，但我们没能在雨水到来之前将树汁收集起来。

我环顾四周，更多相同的桦树出现在我眼前，伪装并混合在其他树

木之中。我朝自家房子的方向往回走，经过沼泽地和沙棘树，我拿出一把日本修枝剪去收集树枝和树叶。我小心翼翼地修剪着，只从某个固定区域剪下枝条，然后再移动到下一个区域。我只摘取我所需要的量。我把树叶和枝干分开，再把枝条整理好以便整齐地将它们放进车尾的收纳箱里。

就在我收集树枝的路上，我经过了田野和农场。我开车穿过树林里一段特别狭窄的路，两边的树茂密得遮挡了大部分本该射进来的阳光。一头年幼的小鹿在马路附近被猎枪打中，它倒下的位置恰好不至于被汽车撞到。母鹿在一条平行道路上与我的车并行，我慢慢减速到停下来，它在我面前穿过并进入树林，与鹿群汇合后又消失了。我继续前行。在路上看见野生动物、哺乳动物、鹿群、狐狸、火鸡或其他动物的情况并不常见。道路逐渐又开阔起来，周围的景色也是如此。当我在山顶上转弯时，一群野鹧鸪从我左边的沟渠里飞出来，一只猫从藏身的灌木丛中跑出来逃进了树林，当我经过时我感觉它正盯着我看。

盛夏

草地已经高得没过了我的膝盖，有些地方甚至来到了我的腰部。野花遍地开满，它们轮流为这草地增添着色彩，白的、紫的、粉的、黄的、红的、紫罗兰色、蓝的、橙色的。水芹、紫罗兰、丁香、水萝卜、苹果、酸叶草、接骨木、豌豆、西洋蓍草、雏菊、玫瑰、胡萝卜，有些只是短暂地开放然后静静地消失，有些则坚持了数周。

穿过绿草，地面生长了红色的野草莓。这对于每一个在户外玩耍的孩子来说都是一个完美的恩赐，甚至这在很大程度上为父母们争取了一些自由的时间。我弯下腰品尝了一个，又抓起另一个靠近观察了起来。这是一个长得非常漂亮的果子，种子都附着在表面。我继续沿着狭窄的小路走，穿过草莓田，越过高高的草地和杂草丛，我终于找到了紫景天。紫景天是多年生的植物，每年都会在同一个地方重复出现，不过我已经从我熟知的老地方找到了所需要的一切。后来，我采到了一篮子紫景天、西洋蓍草、羊酸叶草和一把野草莓，我站着环顾四方，非常激动能把这里的元素和这样的感觉带回aska，我走回到山上。

黑醋栗也终于长到了我可以摘下它们的程度，豌豆也可以从藤上摘了。黄瓜在逐渐长大，红色和黑色的覆盆子遍地都是，土豆也可以拔了。新鲜的土地、割下的草和照射着皮肤的阳光，一切都是那么诱人。

夏末初秋

我的大脑告诉我已经是早晨了。但我的头还没离开枕头，我缓慢地让我的腿脚从床边滑落，强迫身体的剩余部分一起挪动。我的脚碰到了冰冷的地板，身体不禁打了个寒战，我忍不住把脚缩起来一秒，然后我立即坐起来离开床，以免再被它"召唤"回去。

我在冰凉的地板上走了几步，越过羊皮毯子，然后滑进一双黑色的

Birkenstocks 牌拖鞋，这鞋我总在厨房里穿。拖鞋已经成为我在厨房的必备，在鞋底失去防滑力以后，我把它带到了纽约上州的家里。直到它被穿破之前，Birkenstocks 牌拖鞋都可以被称为最不舒服的一双鞋子，但它俨然已经成为我身体的一部分。我穿过走廊走进厨房，打开烧水壶。我身边的一扇小窗户让我对当天的天气和外面的温度有所感知。我走进厨房旁边的洗手间，用冰冷的水来洗手洗脸，水来自屋后森林几百米远的泉水。回到厨房，烧水壶里的水就快烧开了，我把热水倒进放了2勺咖啡粉的爱乐压咖啡壶里，然后把咖啡倒进架子上的蓝白色杯子中。

我把咖啡拿在手里，走到后门的门廊，俯瞰下面的大部分土地。门廊上的木头是潮湿的，空气里弥漫着冰冷潮湿的水汽。我面前的土地向下倾斜着，我们抬高苗床，种上了莴苣、苹果树苗和浆果灌木、豆瓣菜、大黄茎、紫景天、醋栗、欧当归、车叶草、接骨木花、琉璃苣等植物。再远一点的山坡下还有一排阔叶树，大部分是白蜡树和枫树，直到秋天落满黄叶才能留意到它们的存在。由于最近的下雨天也或者是春季融雪的原因，那条溪流水波涌动。那里是鳟鱼和小龙虾生活的地方，最近还新建了一个水坝。在小溪后面，是州立森林，大部分是松树和云杉，偶尔也有些桦树。我的视线顺着树林往山坡上看，直到小溪流的另一边，那里水汽变成了雾气，最终整片森林消失在了云里。

秋天

夏天已经过去很长一段时间，但在我的拉链夹克下依然穿的是黑色短裤和T恤。最近几天早上的温度已经是4摄氏度左右，相信很快就会有第一场霜冻，甚至可能出现第一场雪。当第一次霜冻到来的时候，一切都会迅速改变。很多植物都能忍受凉爽的天气（比如可以低至0摄氏度），而且可以重新长出嫩叶和枝丫。然而一旦它们细胞里的水分被冻住，生长周期就正式结束了。我有时为此感到惋惜，因为有些植物完全可以经历几周严峻的霜冻而不是被冻僵，温度回升时，暂时休眠的植物就可以继续生长了。不久之后花栗鼠和熊都会回到巢穴度过它们漫长的冬眠，直到春天万物复苏才会再见到它们。

我给自己几分钟时间来消化这些风景和味道传递给我大脑的信息，让内啡肽释放，遍及我全身的每一处。我喜欢季节的变化。我们度过了美妙的夏天，而秋天确实来了，很快，所有的树叶会完成颜色的变换然后掉落下来，覆盖在野草莓、西洋蓍草和草地上。树枝会让这片景色变得很不一样。土地的轮廓将变得清晰，动物们也更容易被发现，风和声音的传播也少了许多障碍。

冬季

我放慢车速停在路边。在一片冰雪覆盖的田野里，一只狐狸将它自己的尖尖的鼻子碰到地面，然后它高高跳到空中，在落下时用前爪猛击地面。它一遍又一遍地跳起，偶尔歇一歇，把鼻子浸在雪里。

我回到房子。我把暖气打开直到温度足够暖和后，才把外套脱下。

　　我们的食物储藏室在冬季少了许多储备。可食用鲜花和新鲜的嫩芽都没了，香脆的绿色植物和成熟浆果的香甜被云杉树枝、醋、腌制浆果、草药油和腐烂的叶子所取代。对有些菜来说很重要的材料，我们可以在雪下将它挖出来，有时候雪的掩埋对植物来说有保温作用。当然，我们可以在大雪堆里掘地几尺，得到一些青苔或特定的干草。偶尔温暖的几天或一周会给植物足够的时间，让它们生长，我们可以把它们摘下用于制作菜单上的食物，除此之外，我们还是严重依赖能够保存过冬的蔬菜。

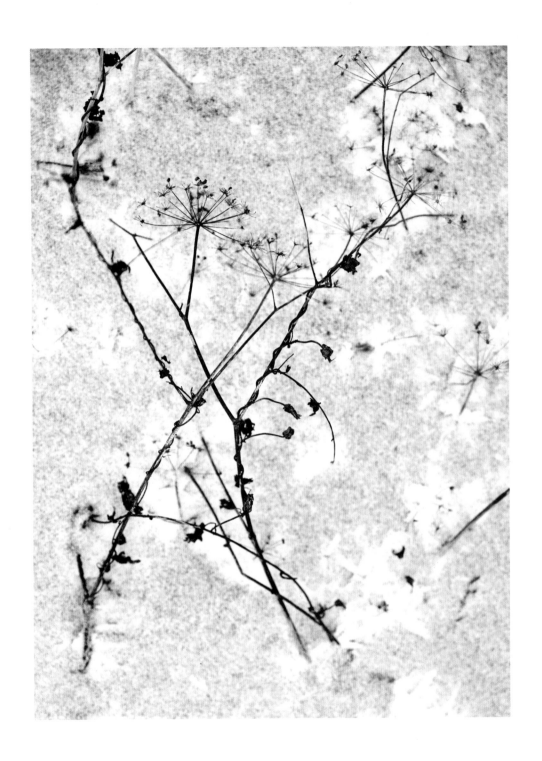

蛏子和茱萸花

将蛏子肉切成薄片，在捣碎的卷心菜上保持温热，搭配蛏子冷汤，并取茱萸花的香味。

准备蛏子

将蛏子肉从贝壳底部取出。将蛏子肉的裙边全部取出并清洗备用。在冰盐水中迅速洗净蛏子肉，不要留有任何泥沙。将洗干净的蛏子肉整齐地摆放在铺了厨房用纸的食物托盘上，备用。

准备卷心菜

预热烤箱至148摄氏度（燃气烤箱2挡）。

用烘焙纸包裹好整个卷心菜，再在外面包裹一层锡纸。入烤箱烤至柔软，需要大约5小时。之后撕开两层包裹纸，并将卷心菜最外层的几片最绿的叶子摘除，留下卷心菜柔软的内芯部分，最里面的芯和梗也保留。趁着卷心菜尚温热的时候，将卷心菜撕碎，放入碗里，用勺子将卷心菜压成碎块。用少许盐调味备用。

制作蛏子清汤

将蛏子汤煮开，加入茱萸花并立即关火。茱萸花在汤里浸泡90秒后，用细网过滤汤汁。用少量白醋和盐给汤调味，并彻底冷却清汤。

呈盘

中高火加热不粘锅，将蛏子肉彻底拍干。迅速将蛏子肉整齐排列在锅中，并用一个有弹性的长形不锈钢煎铲按压住蛏子肉，防止它们受热收缩变形。将蛏子肉的一面煎出金黄色后，用煎铲一次性将8只蛏子肉翻面，几秒钟即可起锅，简单修一下蛏子肉的边缘，让它们更漂亮。

将蛏子肉横切薄片，并放入一个小碗中，加入茱萸花油，简单拌匀调味。小火加热一些卷心菜碎，舀一勺温热的卷心菜碎放入碗的底部，将蛏子肉薄片像堆瓦片一样，均匀地呈环形叠放在卷心菜的周围。最后在这道菜的中央摆放一些茱萸花，盖住中心的卷心菜碎。在菜品的边缘处缓缓倒入2勺蛏子清汤，并滴入几滴茱萸花油，最后完成。

制作4人份

蛏子
» 蛏子 8只，彻底清洗干净
» 水 适量
» 盐 适量

卷心菜
» 绿卷心菜 1个
» 盐 适量

蛏子清汤
» 蛏子高汤 1升（见第231页）
» 茱萸花，仅摘取花尖 50克
» 白醋 8毫升
» 盐 适量

呈盘
» 茱萸花油 12毫升（见第230页）请稍多准备少许茱萸花油，用来最后装盘使用
» 茱萸花 适量
» 蛏子清汤（取自准备步骤）

鳗鱼、鳗鱼肝和土豆

烤鳗鱼搭配鳗鱼肝薄片、土豆乳化酱，以及用烤鳗鱼鱼骨熬出来的清汤。

准备鳗鱼

准备好一个工作台来处理鳗鱼。先将鳗鱼的喉咙切开，这一步会流出很多血，在流动冷水下冲洗整条鱼并将鱼身的血完全放净。沿着鱼肚对半剖开，但一定要小心，不要将鱼的内脏割破。将鱼的内脏掏出来，留下鱼肝。将剖好的鳗鱼三等分，并用糖盐混合物腌制鳗鱼。在一个干净的、不会和糖盐发生反应的容器内，让糖盐混合物彻底盖住鳗鱼，放入冰箱腌制整夜。

第二天，把鳗鱼从腌制盆中拿出来，并在流动冷水下冲洗干净，用厨房纸巾/毛巾将鱼肉拍干。每块鳗鱼连同25克炭香油一起放入真空袋，抽真空密封后，将鳗鱼放入52摄氏度的水浴慢煮机中慢煮25分钟。之后将鳗鱼密封袋从慢煮机中取出，不要打开密封袋，马上放入冰水中冷却。完全冷却后，将鳗鱼从真空袋中取出，用厨房纸巾/毛巾拍干。在冰箱中冷藏备用。

准备土豆乳化酱

洗净土豆并削皮。将土豆四等分，放入锅中，加冷水，并加入大量盐，开大火煮开。之后改中火，将土豆煮到松软，标准是用叉子可以轻松叉过整个土豆块，大约需要20分钟。将土豆块滤干，静置1分钟。取300克煮好的土豆块，和白醋一起加入食品搅拌机中，将土豆和白醋一起搅拌，搅拌几秒钟后，开始一边搅拌，一边一点点加入无味烹饪油进行乳化，并加适量盐调味。最后将搅拌好的泥状土豆酱过极细密网筛。保持土豆乳化酱的温热状态。

呈盘

准备一个已经烧热的烧烤架，在鳗鱼鱼柳的鱼皮面刷上少量油。将鱼皮朝下，放在烧烤架上烤制若干秒后，将鱼柳移离烧烤架。趁着鱼皮还热的时候，轻轻撕掉鱼皮。

准备4个温热的碗，在每个碗中央放入1勺温热的土豆乳化酱。将鱼柳切成4条7.5厘米长的鱼块，在每团土豆乳化酱上放入1块鳗鱼，并在每块鳗鱼上放几片鳗鱼肝。将鳗鱼高汤和炭香油混合在一起，并在每盘中倒入2勺汤汁，用千叶蓍和野生小萝卜花装饰即可。

制作4人份

鳗鱼
» 新鲜鳗鱼1条
» 盐 250克
» 红糖 250克
» 炭香油 75毫升（见第230页）

土豆乳化酱
» 土豆1个
» 白醋 25毫升
» 无味烹饪油 200毫升
» 冰水 适量
» 盐 适量

呈盘
» 鳗鱼鱼柳（从上述新鲜鳗鱼得来），需在室温回温
» 无味烹饪油 适量
» 鳗鱼肝 1块（切薄片）
» 新鲜摘下的千叶蓍 4枝，每枝长7.5厘米
» 野生小萝卜花，将花瓣摘下备用
» 鳗鱼高汤 100毫升（见第231页）
» 炭香油 20毫升（见第230页）

鲱鱼和油菜籽

腌制过的鲱鱼搭配用油菜籽花制作的淡味清汤和接骨木花，这是一道可以捕捉夏日香气的小菜。

当我还是个孩子的时候，夏日，我会去钓鲱鱼——在斯德哥尔摩群岛的海水尚且温暖、人们仍可以下海游泳的时候。我的母亲和我一起，开着小船，驶离海岸几百米，然后关掉引擎，小船随着海浪微微起伏。加了坠物的渔线沉到水底，渔线上有几十个小鱼钩，一些鱼钩上挂着鱼饵。那些鱼饵是我们清晨在泥土中挖出来的小虫子。之后我们就轻轻摇晃我们的渔线，并静静等待。由于鲱鱼在海中从来都是成群结队的，所以如果它们想来吃你的鱼饵，很大概率你一次就能抓到好几条鲱鱼，这让钓鲱鱼显得成就感十足。一般来说，我们可以钓到满满一桶鲱鱼，之后我们会宰杀、清理鲱鱼，这样会有很多新鲜的鲱鱼鱼柳，我们要么把它们裹上莳萝草和面包糠来煎炸，要么腌制这些鲱鱼肉。在纽约，新鲜鲱鱼出现在冬日的鱼市上。这是一个迎合节日的好时机，也方便把鲱鱼储存起来过冬。

制作接骨木花和油菜籽花茶

锅中加冷水和干油菜籽花，烧开后再继续煮1分钟。离火，让油菜籽花在热水中继续浸泡5分钟。过滤掉水中的油菜籽花，将其重新放入锅中烧开。之后加入干接骨木花，并离火，将接骨木花一直浸泡在水中直到出味。过滤掉水中的接骨木花，加入盐调味后，彻底冷却备用。

呈盘

将腌制的鲱鱼片出鱼柳，并将鱼柳切成指头大小的小块。在碗的一边，放置4块鲱鱼肉，等距间隔开摆放。在每块鱼肉上放若干腌接骨木花。在碗中倒入3勺油菜籽花茶和1勺油菜籽油即可。

制作4人份

接骨木花和油菜籽花茶
» 水 750毫升
» 干油菜籽花 50克
» 干接骨木花 25克
» 盐 适量

呈盘
» 腌制鲱鱼 8条（见第229页）
» 腌接骨木花，需从花秆上摘下花朵（见第228页）
» 初冷榨油菜籽油

来自缅因州的虾和烤奶油

来自缅因州的虾搭配烤奶油，再配上腌制白桑葚和椴树叶。

椴树是我很喜欢的开花树木之一。每到夏日时节，如果你途径纽约市布鲁克林的绿点社区，你能闻到整个社区都弥漫着椴树花的香味，相当浓烈。我们在春天时摘取椴树的嫩叶，也会在之后开花的时候收集椴树花。这道菜里使用的虾和斯堪的纳维亚常见的甜虾类似。

准备虾

用一个小勺子，将虾足和虾尾上的虾卵轻轻刮下来，留作他用。将虾放在10%的盐水里浸泡15分钟，之后用清水冲洗，并拍干这些虾。去虾壳和虾头，放在食物托盘里，冷藏备用。

制作烤奶油

把硬木炭砖烧旺，另一边，将奶油倒入一个较深的锅中。用火钳把炭砖夹起来，小心地将它靠近锅里的奶油。锅中的奶油会由于炭的高温而沸腾冒泡乃至啪嗒飞溅。等奶油表面的沸腾冒泡减弱以后，马上将炭砖移开，并让奶油完全冷却，冷却后用极细密网过滤，备用。

呈盘

把烤奶油倒入一个小的单把手煮锅中，加入莳萝油、柠檬汁和盐调味。

在4个餐盘的倾斜碗底中分别放入3只虾，虾头方向朝碗底。把3片腌椴树叶放在虾仁附近，再放入5颗腌白桑葚。最后，在每盘中装饰6朵小萝卜花。在碗中央倒入2勺调味过的烤奶油即可。

制作4人份

虾
» 带头的新鲜甜虾 12只
» 10%腌制盐水 适当（见第229页）

烤奶油
» 硬木炭砖 1块
» 奶油 500毫升

呈盘
» 烤奶油（从上述材料准备得来）250毫升
» 莳萝油 25毫升（见第230页）
» 柠檬汁 16毫升
» 盐 8克
» 腌制在盐水中的嫩椴树叶 12片（见第229页）
» 腌白桑葚 20颗
» 小萝卜花 24朵

鱿鱼、奶油和腌鸡油菌

新鲜鱿鱼在温热的白醋中浸煮，搭配添加了鱿鱼高汤后稍打发的奶油、庭荠和用腌鸡油菌制作的酱汁。

制作腌鸡油菌酱汁

在一个碗里，将鸡油菌边角料、盐和红糖搅拌均匀，之后把它们倒入一个不和食材发生化学反应的容器里，封好，放在一个凉爽且黑暗的地方发酵1个月。之后将腌制好的鸡油菌酱汁用极细的滤网过滤。将50毫升腌鸡油菌酱汁、鸡油菌醋和蘑菇油搅拌均匀。

制作鱿鱼风味奶油

在一个锅中熬煮鱿鱼高汤，将其浓缩至100毫升后，放凉备用。

在一个容器里打发奶油至中等程度，直至可以稍稍立起一个尖即可。之后将放凉的浓缩鱿鱼高汤轻柔地搅打进打发好的奶油中，冷藏备用。

制作鱿鱼

在一个浅口锅中，倒入水、白醋和盐，煮开，让原料充分溶解混合。之后关火，将这锅液体冷却至55摄氏度，随后将鱿鱼放入锅中，用这锅溶液的余温浸泡鱿鱼，直至整锅液体彻底冷却。

呈盘

将鱿鱼从锅中取出，拍干。把鱿鱼切薄片后，分成四等份。在4个碗的碗底，放入1勺打发好的鱿鱼风味奶油，奶油的旁边摆放好鱿鱼薄片和庭荠，往每个碗中都倒入满满1勺腌鸡油菌酱汁即可。

制作4人份

腌鸡油菌酱汁
» 鸡油菌的边角料，刮下来的表皮、异形或太小的鸡油菌皆可 900克
» 盐 27克
» 红糖 27克
» 鸡油菌醋 20毫升（见第228页）
» 蘑菇油 7毫升（见第230页）

鱿鱼风味奶油
» 鱿鱼高汤 300毫升（见第232页）
» 奶油 100毫升

鱿鱼
» 水 250毫升
» 白醋 250毫升
» 盐 70克
» 中等大小的鱿鱼（去掉鱿鱼须，清洗干净）1只

呈盘
» 庭荠 若干

芥蓝头、腌椴树花和烤黄瓜

将芥蓝头真空腌泡在带有椴树花风味的醋和油中，用烤黄瓜磨成的粉调味。

制作芥蓝头

将芥蓝头四等分，再将每块芥蓝头继续均匀地切成4份。用一个直径5厘米的圆形切割模具，在每瓣芥蓝头上切一个圆形的芥蓝头芯，注意不要把绿色的芥蓝头外皮也切进去了。休整切割好的芥蓝头的边缘，将它修成一个半圆形且月牙处是平面的形状，底部是圆弧形。

在碗中倒入椴树叶油和椴树花腌汁，混合均匀。将修整好的芥蓝头平均分为2份，分别放入两个真空袋中，并倒入混合好的椴树风味醋汁，然后将真空袋抽强力真空封口，放冰箱腌制6小时备用。

呈盘

将真空腌制的芥蓝头从袋子里取出，在食物托盘中铺好厨房纸巾，并在纸巾上将芥蓝头摆好，圆弧形一面朝下。将朝上平整的芥蓝头一面拍干，把椴树乳化酱挤在芥蓝头上，尽量挤一条干净平整的线。在这条线上，均匀地摆放6朵腌制的椴树花，再摆放若干小地榆叶，以完善装饰。最后将烤黄瓜磨成的粉末撒在上面，完成装饰。这道菜需要放在冰上呈盘上桌。

制作8人份

芥蓝头
- 中等大小的芥蓝头 1个
- 椴树叶油 100毫升（见第230页）
- 腌椴树花的腌汁 50毫升（见第228页）

呈盘
- 椴树乳化酱（见232页）
- 腌椴树花 48朵（见第228页）
- 小地榆叶 若干
- 烤黄瓜粉末，用来最后装盘点缀（见第232页）

黄瓜和腌椴树花

将黄瓜真空腌泡在椴树花腌醋中，搭配腌椴树花，并用烤黄瓜皮来调味。

制作黄瓜

黄瓜竖切，每条黄瓜都均匀切分为4条黄瓜条。在一个碗中混合椴树叶油和腌椴树花的腌汁。将黄瓜平均分为2份，分别放入2个真空袋中，并倒入混合好的椴树风味醋汁，然后将真空袋抽强力真空封口，放冰箱腌制4小时，备用。

呈盘

将真空压力腌制的黄瓜条从袋子里取出，在食物托盘中铺好厨房纸巾，将黄瓜条摆好，顺着黄瓜本身的弧度，将黄瓜条朝一个方向摆放整齐。将黄瓜条拍干，把椴树乳化酱以点状挤在黄瓜条上，尽量挤得整洁漂亮。将小地榆叶较为随意地放在黄瓜条上做装饰，最后撒上烤黄瓜粉末。这是一道凉菜，如果能在冰上装盘上桌，再好不过。

制作4人份

黄瓜
» 小黄瓜，皮薄且仍带着小刺 2根
» 椴树叶油 100毫升（见第230页）
» 腌椴树花的腌汁 50毫升（见第228页）

呈盘
» 椴树乳化酱（见第232页）
» 腌椴树花 24朵（见第228页）
» 小地榆叶 若干
» 烤黄瓜粉末，用来最后装盘点缀（见第232页）

鳐鱼、块根芹根、开花莳萝和菜籽油

将稍腌制过的鳐鱼带骨整块浸煮，搭配烤熟的块根芹根、加了芹菜叶的块根芹根泥，以及用莳萝花制作的酱汁和初榨菜籽油。

准备鳐鱼

将鳐鱼翅冲洗干净并擦干。

在一块菜板上开始处理鳐鱼翅。用一把合适的刀，从距离鱼肉最厚的边缘7.5厘米的地方，与鱼翅软骨呈90度方向划开鱼肉，将鳐鱼直接剔骨片肉。之后沿着鱼翅软骨的纹路，将鱼翅切成4份大约4厘米×11厘米（约38克）的鱼块。把鱼块和清黄油、莳萝花一起装入真空袋，轻度抽真空密封，并放入冰箱冷藏备用。

烤块根芹根

烤箱预热148摄氏度（燃气烤箱2挡）。

将整颗块根芹根用锡纸包好，并放入烤箱，烤到中心柔软，需要4～5小时。之后取出块根芹根，将其切成与鳐鱼块差不多的小块。

制作块根芹根泥

将块根芹根削皮并随意切成小块。把块根芹根小块放入一个锅中，并倒入奶油直至将块根芹根小块淹没。煮开以后小火慢煮至块根芹根完全柔软，大约需要45分钟。在煮块根芹根的同时，煮一锅开水，迅速焯一下芹菜叶。

将煮好的块根芹根过滤干净，放入食品搅拌机里，加入焯好的芹菜叶，之后高速将它们打成泥状。在块根芹根泥里加入黄油，并用适当的盐调味。最后用极细密过滤网将块根芹根泥过滤一遍并马上冷却备用。

制作酱汁

起一口锅，倒入奶油、鳐鱼高汤和白葡萄酒。将这锅汤汁用中小火煮开并浓缩至大约⅓的状态。之后搅打浓缩好的汤汁，并在搅打时缓慢加入菜籽油一同搅打，最后用莳萝醋和盐调味即可。

呈盘

用水浴慢煮的方式将鳐鱼块浸煮11分钟。

起一口小锅，加热块根芹根泥至温热状态。在每盘中央靠侧边的位置，摆1勺舀成橄榄状的块根芹泥。在盘子中按照三角的形状，将块根芹泥和鱼块放置在三角形的底部位置，并用茴香叶和酢浆草叶在上面做点缀装饰。在三角形的三角尖位置，放一块还冒着热气的块根芹根。在一口小锅中，将200克酱汁用力搅打至柔软细腻，在盘子中央倒入1.5勺酱汁，最后用莳萝花完成装饰即可。

制作4人份

鳐鱼
» 鳐鱼翅，去皮带骨，快速腌45分钟 600克
» 清黄油，融化成液体状 30克
» 莳萝花 5克

烤块根芹根
» 中等大小的块根芹根 1个

块根芹根泥
» 中等大小的块根芹根 1个
» 奶油 900毫升
» 芹菜叶 200克
» 冷藏的黄油 150克
» 盐 适量

酱汁
» 奶油 450毫升
» 鳐鱼高汤 150毫升（见第232页）
» 白葡萄酒 150毫升
» 菜籽油 300毫升
» 莳萝醋 30毫升（见第228页）
» 盐 适量

呈盘
» 茴香叶 适量
» 酢浆草叶 适量
» 莳萝花 8克

地衣苔藓、焦香奶油、松茸、云杉和鸡油菌

地衣苔藓搭配焦香奶油，松茸清汤中加入了云杉和鸡油菌风味醋。

某一天，莫顿和我在纽约上州拜访了为我们餐厅提供手作陶具的女士后，开始往城里赶。显然我们没准备好，回城的路花了很大精力来认路、找路，本以为半天就能完成的拜访事项被延长到一天，我们一直在山林中寻找回家的路，尤其是在我们并不熟悉的卡兹奇山脉以西的地带。然而在我们开车回城的路上我们发现，在路边的石缝中、崖壁上，地衣苔藓长得非常茂盛。我们一起来到这些小石山中，收集了我们认为足够用的少量地衣苔藓。然而就在回到车里的短短路途中，我们忍不住一路采摘，一点一点，越积越多。毫不意外的，太阳渐渐西落，山里温度骤降。

早晨离开纽约市的时候，气温像温暖的早春，我们因此也穿得较为轻薄。开到纽约上州大概需要3小时车程，但回程的路由于迷路、走错路等问题，我们回到城里的时间毫无疑问将会很晚。这时，下雪了。下午还是明朗清净的天空突然因为雪花变得阴冷黑暗。因为下雪，我们要摘取更多的地衣苔藓，而且是空手摘，没有手套，没有采摘工具。最后的最后，我们停停走走许多次，收集到了足够多的地衣苔藓，尽管手指已经冻僵了，我们的内心却异常满足。

制作蘑菇清汤

预热烤箱135摄氏度（燃气烤箱1挡）。

将一个食物托盘过滤盘叠在一个普通食物托盘里，在食物托盘过滤盘中铺上过滤纱布，如果纱布太大，可以将多余的纱布挂在托盘外缘。放入切片的松茸，再把过滤纱布像包包裹一样包好。用保鲜膜封好双层托盘，再用锡箔纸盖住保鲜膜。将整个托盘放入烤箱中烤制整晚，将蘑菇里的水分都烤出来。

第二天，将托盘取出，揭掉保鲜膜和锡箔纸，再把裹在纱布里的蘑菇挤压一遍，尽可能地将蘑菇里的汁水挤出来。将所有蘑菇汁倒入锅中烧开，加入干鸡油菌后，离火浸煮。然后过滤掉汤中的鸡油菌，加入备好的几种醋调味。将这锅蘑菇汤迅速冷却。将鸡蛋清打发，打发到刚开始能成形一个软软的尖即可。将蘑菇汤重新倒入锅中加热，然后快速搅拌打发好的蛋白20秒并将其倒入汤中。大火加热清汤，蛋白迅速凝固并在锅中凝固成一个"锅盖"。之后迅速关小火，避免汤汁过于沸腾而冲破了蛋白形成的"锅盖"。慢慢地将蘑菇汤澄清，再用极细密的过滤网过滤蘑菇汤，尽量不要将汤锅里的"锅盖"弄坏。最后将过滤好的汤汁冷却备用。

制作4人份

蘑菇清汤
» 新鲜的松茸，切片 2千克
» 干鸡油菌 50克
» 松茸醋 100毫升（见第228页）
» 云杉醋 10毫升（见第228页）
» 鸡蛋清 1个

焦香奶油
» 鲜奶油 2升
» 盐 5克
» 蘑菇油 3毫升（见第230页）

地衣苔藓
» 约5厘米×5厘米驯鹿苔藓，清理干净 4片
» 盐 适量
» 油炸用油 适量

地衣苔藓、焦香奶油、松茸、云杉和鸡油菌

呈盘
» 小朵新鲜鸡油菌 5～10朵
» 腌鸡油菌 20块（见第228页）
» 腌云杉嫩枝和韭菜花 适量（见第228页）
» 蘑菇油 适量（见第230页）

制作焦香奶油

在一个宽口锅里，将奶油慢慢煮开，小火保持微微煮开的状态。一直熬煮奶油，并持续用打蛋器搅打锅内的奶油，将奶油熬煮到浓稠焦黄。将奶油熬煮到非常浓稠并有一股烤吐司的香味，颜色也成为焦糖色以后，把它用刮刀从锅内盛出。用盐和蘑菇油给熬好的奶油调味。最后将做好的奶油用极细密筛再过筛一次后，保温备用。

制作地衣苔藓

准备2个大盆和1个极细密网。在一个大盆装满冷水，另一个大盆暂时空置。轻轻地将1份地衣苔藓撕碎，请切记在清洗和烹煮的过程中地衣都会收缩，因此不要撕太碎。在撕碎的地衣苔藓里，将可能有的树枝、树叶或土块清理掉。之后将地衣苔藓碎块倒入装满冷水的大盆中并搅拌清洗。在水中继续把杂物挑出来并将地衣苔藓清洗干净。如果或者当水变浑浊了，把清洗的水用极细密网过滤一遍倒入第二个空盆里，继续清洗地衣苔藓，一直将地衣苔藓清洗干净后，再把地衣苔藓捞起来，放在灯下仔细检查，有任何杂质都要用小镊子夹出来清理干净。

在一个高深的锅中加入清水并煮开。在煮开的水中加入大量盐。在这口锅中焯地衣苔藓6分钟，其间记得用一个大汤勺将地衣苔藓压到水下（因为它们容易一直浮在水面上）。在一个食物托盘里铺上干净的毛巾，把锅中的地衣苔藓捞出来并铺在托盘里，让煮过的地衣苔藓自然降温，备用。

在一个烤盘上架一个过滤架。在一个高深的锅中加入大约⅔的油并加热至大约175摄氏度。小心地加入一份刚才处理好的地衣苔藓。因为地衣苔藓里很多水分，所以请小心飞溅的油花和蒸汽，不要被烫伤。油炸的时候，用两个长柄勺子在油锅中尽量把地衣苔藓的形状保持好。当油炸的泡泡变少，将地衣苔藓捞出并放在刚才准备好的架子上，尽可能地把油滤干。

呈盘

加热蘑菇清汤。在温热的碗中央，放1勺焦香奶油。在奶油中分别摆上一份炸好的苔藓。在每份苔藓上分别放上5片新鲜鸡油菌片和5块腌鸡油菌。再轻轻撒上适量腌云杉嫩枝和韭菜花。最后滴几滴蘑菇油。最后沿着碗边倒入大约1厘米高（⅓英寸）的热蘑菇清汤并马上上菜。

鱿鱼挞、海藻和山葵

一道轻简小食，却富含大海的各种风味。由巨藻制作而成的甜味挞皮，放入温热的掌状红海藻泥，再在上面堆上炭烤后切碎的鱿鱼肉，并撒上现磨的山葵根。

制作掌状红海藻泥

起一口锅，加入鱿鱼高汤、洋葱和掌状红海藻，点火煮开后，关小火慢煮，需经常搅拌，直到洋葱焦糖化，锅里食材的水分基本被熬干，大约需要30分钟。

之后将锅里的食材全部倒入食物搅拌机里搅拌成泥状，一点点加入刚从冰箱里取出的黄油，让搅拌物进一步乳化。之后加入盐和白醋进行调味，并用极细密网过筛。之后将过筛后的海藻泥装入挤压式酱料瓶中，冷藏备用。

准备挞壳

将挞皮擀至约3毫米厚，用直径7.5厘米的圆形切割模具，切割出8片挞皮。随后将挞皮填入直径4厘米的模具内，请仔细将挞皮和模具按压好，按压均匀，并注意不要弄出缝隙。压好模以后将挞壳冷却5分钟。

预热烤箱至175摄氏度（燃气烤箱4挡）。

将挞壳放入烤箱烤制9分钟。当挞皮彻底冷却之后，再脱模。

准备一个温水箱/温水盆，将装着海藻泥的酱料瓶放入热水中回温。用一把锋利的刀，纵向将鱿鱼鱼身切开，并将鱿鱼铺平。用喷枪把鱿鱼全身内外炙烧一遍，可以边烧边上下翻动鱿鱼，以防止鱿鱼仅有一面加热而卷曲。之后将炙烤好的鱿鱼切成均匀的小丁，加掌状红海藻油、柠檬汁和盐调味。在挞皮底挤上掌状红海藻泥。在海藻泥上均匀铺上一层鱿鱼丁。

呈盘

把切丝的掌状红海藻均匀摆在8个挞上，再将新鲜的山葵根擦细末，撒在挞上。最后用玉米花装饰即可。

制作8人份

掌状红海藻泥
» 鱿鱼高汤 500毫升（见第232页）
» 切片洋葱 300克
» 干掌状红海藻 40克
» 黄油（冷藏）150克
» 盐 适量
» 白醋 适量

挞壳
» 挞皮面团，回温到室温 150克（见第233页）
» 大号鱿鱼躯干（不要鱿鱼须），清理干净 1只
» 掌状红海藻油 10毫升（见第230页）
» 柠檬汁 4毫升
» 盐 适量

呈盘
» 干掌状红海藻，切极细丝状 20克
» 约2.5厘米（1英寸）长的去皮山葵根 1根
» 新鲜或干燥好的玉米花 适量

桦木上炙烤的鹿肉搭配黑醋栗

鹿肉里脊迅速地在炙热的炭火上烤一遍，再配上黑醋栗以及丁香类的花朵。

鹿肉和桦木简直是天生一对。也许是因为每到冬季我们就会购买瑞典山区的烟熏驯鹿肉香肠，让我把这两种东西总是联想到一起。虽然在香肠的包装上，我并没有看到任何说明文字显示香肠是由桦木熏制的，但我记得那个味道是一样的。此外，桦木树林是瑞典北部最典型的树林类型，硬木质很适合小火慢烧地熏烤鱼和肉，那么关于用桦木熏香肠的联想也就是合情合理了。

黑醋栗曾是我儿时最不喜欢的浆果，但在我长大以后，却逐渐成为我很喜欢的浆果之一。小时候，看到祖父在他的房子后面采摘黑醋栗放入篮子的场景时，我总觉得我会很喜欢黑醋栗。但每次我拿起一颗放入嘴里咬开，那味道总是在提醒我，黑醋栗和我喜欢的浆果或水果味道可完全不一样。于我而言，新鲜的黑醋栗有一种成年人才会欣赏的味道。至今，我仍然这样认为，并享受着黑醋栗的甜味与涩感。

制作酱汁

在一个碗中，将黑醋栗汁、丁香油、桦木叶醋和盐混合搅拌均匀。备用。

呈盘

准备一个烧烤架，下面铺着薄薄一层但烧得非常旺的木炭。在鹿肉里脊的表面刷好烹饪油，并用盐调味。在木炭上放上桦木树枝，给炭火升温，也能烧出一些烟。随后迅速将鹿肉里脊放上烤架烤制，烤的过程中需不断翻转里脊肉，尽可能让炭和树枝烧出来的烟和火能烤制到里脊肉。之后静置鹿肉。

将鹿肉切片成4份，每份分别摆放在温暖的餐盘中央偏右一些的位置。在每份鹿肉切面靠右的部分，各摆上7粒已经切对半的黑醋栗。在黑醋栗上随意撒上丁香花和酢浆草叶。每个盘子上撒上一勺半酱汁即可。

制作4人份

酱汁
» 黑醋栗汁 70毫升
» 丁香油 15毫升（见第230页）
» 桦木叶醋 10毫升（见第228页）
» 盐 6克

呈盘
» 鹿肉里脊 350克
» 无味烹饪油 适量
» 盐 适量
» 桦木树枝 适量
» 新鲜的黑醋栗（对半切开）14颗
» 丁香花 适量
» 酢浆草叶 适量

鳌虾、鳌虾虾膏和沙棘

用黄油烤制的鳌虾和鳌虾虾膏，再佐上奶油与沙棘制成的酱汁。

在回瑞典的一次旅程中，我的母亲开车载着我的妻子和我前往一个叫作塔比（Täby）的湖边小镇，那里离我父母位于斯德哥尔摩的家需要30分钟车程。父亲和我们一起踏上了这段旅程。我们到达以后停好车，并往水边走去。远远地，我们就能看到橘黄色的浆果一串串地吊在荆棘树的树枝上，沉沉地垂下来，沙棘果的影子倒映在湖中。我们至少花了1小时的时间从3棵大树上来采摘这些沙棘果，然而这些树上的沙棘果依然看起来很茂盛。沙棘果的采摘非常困难，因为它们牢牢地结在树枝上，然而沙棘果却很脆弱，一捏就碎。这些结果的树枝互相之间靠得很近，它们长着长长的针刺，很容易刺到你的皮肤。这些沙棘果美味极了，它富有热带风味，并蕴含丰富的维生素C。它们酸极了。这些果子可以一直结在树枝上而不会掉落或腐烂，并且从富含果汁的果子长成油脂丰富的果实。用这些果子冷榨出来的油有着鲜亮的橘色，手和衣服都很容易被油染色。这个颜色让我想起烤鳌虾和鳌虾壳之后油脂的颜色。在我们开这间纽约的餐厅之前，我们在纽约上州种了至少20棵沙棘树，期待着随着时间的推移我们能在某一天收获这些沙棘果。

腌制鳌虾虾膏

把盐和糖盖在虾膏上，冷藏备用。

制作沙棘果酱汁

将奶油、白脱牛奶和沙棘油混合在一起，备用。

呈盘

起一个平底锅，大火，加入少量的油，以方便煎虾肉的时候能迅速上色。把鳌虾虾尾肉放入平底锅中，最终装盘朝上的一面要向下，贴着平底锅煎。压住虾肉，以防它们因为受热而变形，高火煎虾尾大约12秒钟。

虾尾起锅，在每个温热的盘子上摆上1只虾尾。沿着虾尾的一侧，摆放鲜花。在每个盘子里放上已经腌好的8克鳌虾虾膏，并挖成橄榄球形。摆放的时候，记得将橄榄球的一个尖头朝向鳌虾虾尾。在鳌虾和虾膏中间，倒入1.5勺的沙棘果酱汁即可。

制作4人份

腌制鳌虾虾膏
» 盐6克
» 糖6克
» 鳌虾虾膏40克

沙棘果酱汁
» 奶油35毫升
» 白脱牛奶25毫升
» 冷萃沙棘油20毫升（见第230页）

呈盘
» 冷萃沙棘油 适量（见第230页）
» 鳌虾虾尾肉 4只
» 小萝卜的鲜花和一些新鲜食用草等适量

熟成1年的牛腿肉、欧蓍草和醋

这是一道熟成时间有1年的草饲牛肉料理。相搭配的醋添加了香草风味，这些香草来自饲养牛的草原，再加适量的盐。

制作牛骨油

起一口锅，加入牛排和烹饪油，开火，慢慢煮到牛骨呈现漂亮的金棕色，不要煮过头了。将牛排整夜留在锅中，和锅里的油充分反应，让牛骨的风味尽量释放。之后用极细密网过滤，有牛骨风味的油备用。

制作添加欧蓍草的腌制鲜花高汤

起一口锅，加入水并煮开。加入糖、盐和干欧蓍草花。然后加入150毫升鲜花醋，重新将整锅液体煮开，搅拌以加速锅里的糖和盐溶解。随后离火，加入鲜欧蓍草，并浸泡1分钟。最后加入剩下的150毫升鲜花醋。将整锅汤过滤一遍，冷却备用。

呈盘

将牛骨油搅拌加入鲜花高汤里。把牛肉用片状海盐调味，并分别放入4个碗里。在牛肉上再摆放玉米花花瓣以及腌欧蓍草嫩尖。最后在牛肉的周围倒入2勺酱汁即可。

制作4人份

牛骨油
» 干式熟成牛肉的带骨牛排 3根
» 无味烹饪油 500毫升

添加欧蓍草的腌制鲜花高汤
» 水 50毫升
» 糖 70克
» 盐 10克
» 干欧蓍草花 10克
» 添加了蓬子菜、琼花和野生胡萝卜鲜花花瓣的鲜花醋 300毫升（见第228页）
» 鲜欧蓍草 15克

呈盘
» 牛骨油 50毫升（上述材料制成）
» 添加欧蓍草的腌制鲜花高汤 125毫升（上述材料制成）
» 牛腿肉（取自3年生的奶牛），切6毫米的小丁 60克
» 片状海盐 适量
» 玉米花花瓣 适量
» 腌欧蓍草嫩尖 适量

丘鹬、干洋葱花、越橘和松木

熟成后的丘鹬搭配干洋葱花、浸泡过的越橘，以及熏烧松木的香气。

制作腌制越橘

将越橘和糖混合，放入一个干净的、不会和食材发生反应的容器内，密封好放入冰箱冷藏1周。

制作丘鹬和松木制成的酱汁

在一个中型的锅里加入适量烹饪食用油，油要刚好覆盖整个锅底。倒入切碎的丘鹬骨并煎到深棕色。倒入鸡汤，将粘在锅内壁的油脂、肉等全部溶解到汤里，然后小火煮45分钟。随后用极细密网过滤整锅汤。将过滤好的高汤重新放入一口锅中熬煮，并一直煮到较为浓缩黏稠的状态，可以像糖浆一样满满裹住汤勺的背面。随后再一次用极细密网过滤这锅浓缩后的浓汤。将浓汤装入一个小小的酱汁锅中，中火加热，缓缓搅拌酱汁并一点点地加入松子油，以达到酱汁乳化的效果。最后用腌泡越橘的汁水来调味即可。

烹饪丘鹬

预热烤箱至200摄氏度（燃气烤箱6挡）。

将丘鹬在室温下彻底回温，准备一个大且可以入烤箱的煎锅，开大火。在锅里倒入适当的油，覆盖整个锅底，用盐调味丘鹬以后，先从每只丘鹬的右侧面朝下开始煎，20秒后，煎丘鹬的左面。随后将丘鹬的背脊部分贴在锅底，在锅中加入黄油，待黄油呈金黄色后，便不断将黄油浇淋在丘鹬身上。随后将整锅放入烤箱中烤制2分钟。

呈盘

将腌泡的越橘在室温下回温。将丘鹬的胸肉小心地从它们的胸骨上切下来，再将4片丘鹬胸肉纵向对半切开。将4份丘鹬胸肉分别摆放在温暖的餐盘上，在稍偏离盘子中心的位置。在每个丘鹬胸肉上均匀地摆放干洋葱花。在丘鹬胸肉不远处的摆放1勺腌泡的越橘。马上上菜。

制作4人份

腌制越橘
» 新鲜越橘1千克
» 糖 300克

丘鹬和松木制成的酱汁
» 丘鹬架，粗砍成大块 2只
» 无味烹饪油 适量
» 鸡汤 2升
» 冷藏的松子油 20克
» 腌泡越橘的汁水（从上述材料和步骤中获得）10毫升

丘鹬
» 丘鹬，熟成2周 2只
» 无味烹饪油 适量
» 盐 适量
» 黄油 40克

呈盘
» 干洋葱花 100克

黄油烤乳鸽脑

这道菜是将熟成后的乳鸽脑在高温冒泡的黄油中迅速煎制的一道小吃。

鸟类的脑特别小，用餐刀尖就可以轻松将它们从头骨里剔出来。我们一般都会将它随同禽鸟类的菜一起上桌，有时候则是把它们作为禽鸟类菜结束后马上送上桌的小吃。它的味道就是禽鸟类菜肴的味道，同时在风味和口感上都非常娇嫩、柔和。

准备乳鸽脑

在一块砧板上，用一把锋利的刀，将乳鸽的脑袋从颅骨部位纵向一切为二。

呈盘

起一口锅，开中火，加入少量油，将切开的乳鸽脑及脸颊肉部分向下贴住锅底煎，煎约10秒，然后加入1勺黄油。用滚烫的黄油浇淋乳鸽脑约1分钟，直到头骨中的乳鸽脑开始胀大。随后将乳鸽脑起锅，放在干净的毛巾上，吸去多余的油脂。

撒上几粒盐调味。立刻上桌。

制作2人份

乳鸽脑
» 乳鸽 2 只

呈盘
» 烹饪油 适量
» 黄油 15 克
» 盐 适量

鸽子和猪血

烤鸽肉、红景天，以及用李子和猪血制作的酱汁。

制作鸽子酱汁

在一个中号的锅里加入足够多的烹饪油，至少要将整个锅底覆盖。倒入切碎的鸽子骨并煎至深棕色。倒入鸡汤，将粘在锅内壁的油脂、肉等全部溶解到汤里，然后小火煮45分钟。随后用极细密网过滤整锅汤。将过滤好的高汤重新放入一口锅中熬煮，并一直煮到较为浓缩黏稠的状态，可以像糖浆一样满满裹住汤勺的背面。随后再一次用极细密网过滤浓缩后的浓汤，备用。

烹饪鸽肉

预热烤箱至200摄氏度（燃气烤箱6挡）

准备一个大煎锅，开大火。在锅里倒入适当的油，覆盖整个锅底。用盐给鸽子调味。从每只鸽子的右侧面朝下开始煎，20秒后，煎鸽子的左面。随后将鸽子背脊部分贴住锅底，并在锅中加入黄油，不断将滚烫冒泡的黄油浇淋在鸽子身上，直到黄油开始变成棕色。随后将鸽子盛出，放在一个有滤油架的食物托盘上，静置2分钟。

呈盘

将鸽子连带托盘放入烤箱中烤2分钟。同时开始准备酱汁。这个酱汁必须现做现上桌，不能提前制作。当把鸽子从烤箱拿出来静置出肉汁的时候，酱汁会煮好并最后和鸽子一起上桌。将鸽子酱汁加热至温热状态，然后搅拌酱汁并倒入猪血。用红李子腌泡汁给这锅酱汁调味。将静置好的鸽胸肉切下来，每一块胸肉皮朝下，分别放在4个热餐盘的中心位置。从鸽子肉的一头到另一头，将红景天叶按照同一个方向摆放整齐。在鸽子肉的一侧倒入1.5勺的猪血酱汁即可。

制作4人份

鸽子酱汁
» 鸽子架，粗砍成大块 2只
» 无味烹饪油 适量
» 鸡汤 2升

鸽肉
» 无味烹饪油 适量
» 鸽子，熟成2周，去掉头颈和双腿 2只
» 盐 适量
» 黄油 40克

呈盘
» 新鲜的猪血 100毫升
» 红李子腌泡汁 10毫升（见第228页）
» 红景天叶 40～45片

熟成牛肉搭配醋栗和黑醋栗叶

我们在呈现这道悬挂熟成了4个月的肉眼牛排时，会搭配盐渍红醋栗与黑醋栗、腌制的黑醋栗叶，以及一种风味熬制牛油和油醋汁。在牛排上，我们会放少量煎熟的腌制牛油丁。熟成腌制牛油有股香甜味，且熟成的味道甚至比牛排肉本身的熟成味更明显。在上这道菜的时候，我们一般会搭配上腌浆果或盐腌李子，以及一些当季的香草。通常我们搭配的都是欧蓍草和葱芥，因为我认为这款牛肉的特点——熟成后丰满又复杂的风味——与有着强烈风味的香草搭配十分和谐。

制作牛油

将牛油从腌料中取出，并清洗干净、拍干，切成小丁后冷藏备用。

制作油醋汁

起一口小锅，将熬制好的牛油彻底融化后，搅拌加入腌制黑醋栗的盐水和黑醋栗叶油，静置备用。

呈盘

预热烤箱至190摄氏度（燃气烤箱5挡）。

起一口铸铁锅，大火，加入1勺无味烹饪油。在牛肉表面撒盐调味，随后将牛肉放入锅中，迅速煎制其中一面。将牛肉翻面，并在锅中加入黄油。当黄油变成焦黄色时，用黄油不断浇淋牛肉。之后将牛肉放在一个有烤架的托盘上，放入烤箱烤制3分钟。随后从烤箱将其取出，并静置2分钟。随后再将牛排放入烤箱烤制2分钟。同时加热油醋汁。

在盘子的右侧，随意摆放一些盐渍黑醋栗和红醋栗、欧蓍草枝和黑醋栗叶。起一口锅，加热牛油丁，直到它们变得柔软。将烤好的牛肉切成6份。每个盘子上摆放1份牛肉，摆在黑醋栗等配菜的对角线位置。在每块牛肉的一头集中放几粒热好的牛油丁。在盘子中央倒入满满1.5勺的温热油醋酱汁即可。

制作6人份

牛油
» 腌制牛板油 100克（见第231页）

油醋汁
» 熬制牛油，从肉眼牛排上取下的脂肪熬制而得 300克
» 腌制黑醋栗的盐水 200毫升（见第229页）
» 黑醋栗叶油 100毫升（见第230页）

呈盘
» 肉眼牛排，熟成120天 1.2千克
» 无味烹饪油 适量
» 盐 适量
» 黄油 40克
» 盐渍黑醋栗和红醋栗 适量
» 5厘米长的欧蓍草枝 18枝
» 鲜黑醋栗叶 6片

鲜花和格兰尼达

富有春天气息的格兰尼达和丁香甜浆。

制作格兰尼达

起一口锅，将各种果汁、糖、葡萄糖、云杉松针叶和云杉油脂醋加入锅中，煮开。将吉利丁片放入冷水中泡软后，捞起，挤干水分。随后加入锅里的格兰尼达原液中溶化。过滤格兰尼达溶液后，将其装入较浅的容器中，冷冻成冰。保存在冷冻室中备用。

呈盘

将冰冻格兰尼达表面的冰晶刮掉，并将冰刮碎。在每个冰冻的容器底部，平铺一层格兰尼达碎冰。再在碎冰表面平铺一层香甜风味灌木树鲜花。在碗中倒入2勺丁香甜浆，让它们顺着碎冰的缝隙流到碗底。最后喷3次云杉油脂醋即可上桌。

制作4人份

格兰尼达
» 苹果汁 150 毫升
» 大黄汁 150 毫升
» 糖 75 克
» 葡萄糖 32 克
» 云杉松针叶 20 克
» 云杉油脂醋 30 毫升（见第228页）
» 吉利丁 1 片

呈盘
» 当季的香甜风味灌木树鲜花（丁香、海棠果、黑莓、洋槐花和紫藤花）适量
» 丁香甜浆 适量（见第233页）
» 云杉油脂醋，装在小喷瓶里 适量（见第228页）

红鹅莓和玫瑰果

玫瑰花瓣包裹着红鹅莓，用玫瑰果熬制的高汤，再加上大黄。

准备红鹅莓

将腌红鹅莓在冷水下清洗干净并擦干。将它们放在脱水托盘里，放入烘干机，用最低挡烘干3小时。

起一口酱汁锅，开中火，加入水和糖并熬成糖浆。随后让糖浆自然冷却。把干燥好的红鹅莓放入合适的容器内。倒入冷却后的糖浆，浸泡一整晚。

准备玫瑰红鹅莓啫喱冻

起一口酱汁锅，将水烧开。离火，加入准备好的各类干花，就像泡茶一样。在冷水中泡发吉利丁片。将泡好的干花过滤掉花瓣，放入一个大碗里，搅拌碗里的干花，放入红鹅莓腌制盐水和吉利丁片，直至搅拌溶解。在一个食物托盘中，内层用透明保鲜膜完全铺好，然后倒入溶解好所有材料的啫喱冻水，放入冰箱冷藏直至啫喱冻成形，需要大约4小时。用直径1厘米的圆形切割模切割这些啫喱冻。用一把曲吻抹刀将每个啫喱圈铲起来，整齐地摆放在食物托盘上。冷藏备用。

制作大黄玫瑰果高汤

起一口锅，倒入大黄汁、糖和干玫瑰果，烧开。随后加入玫瑰花瓣，离火。将玫瑰花瓣在汤汁里浸泡10分钟。随后过滤汤汁，冷藏备用。

呈盘

将大瓣玫瑰花瓣平铺在托盘上，不要让它们卷曲。用一张毛巾轻轻拍干这些花瓣，让它们更平整。将红鹅莓从糖浆中捞出，放在毛巾上滤干。每片玫瑰花瓣上放1颗红鹅莓。把红鹅莓和玫瑰花瓣一起拿起来，并将玫瑰花瓣紧紧完全包裹住红鹅莓。准备4个冰凉的碗。在每个碗里放入7颗裹着玫瑰花瓣的红鹅莓，包裹封口处朝下。在红鹅莓周围，再摆放6个之前切好成小圆的玫瑰鹅莓啫喱冻。每个碗里都倒入适量大黄玫瑰果高汤。每个碗里滴入6滴各1克的野玫瑰果油。

制作4人份

红鹅莓
» 腌泡红鹅莓，腌制时间至少1个月 30颗（见第229页）
» 水 400毫升
» 糖 400克

玫瑰红鹅莓啫喱冻
» 水 400毫升
» 干玫瑰花瓣 25克
» 干接骨木花 5克
» 腌制红鹅莓的盐水 10毫升（见第229页）
» 吉利丁片 6片

大黄玫瑰果高汤
» 大黄汁 500毫升
» 糖 20克
» 干玫瑰果 50克
» 新鲜玫瑰花瓣 50克

呈盘
» 腌制大瓣玫瑰花瓣 30片（见第228页）
» 野玫瑰油 20毫升（见第230页）

灌木花和牛奶

用生牛奶制成的雪芭，搭配在各类灌木的花朵上，喷上用食用树胶浸泡的白醋和丁香甜浆。

将雪芭放入帕克婕万能磨冰机中搅拌充分，随后冷冻1小时20分钟。

将雪芭挖成橄榄球形，放在冰冻过的碗盘中央。在橄榄球形的雪芭一侧，精致摆放好各类灌木花。在碗中倒入3勺丁香甜浆，任由甜浆洒在雪芭周围。每一盘雪芭和甜酒都喷3次云杉树胶醋，随后上桌。

制作4人份

呈盘
» 生牛奶雪芭 适量（见第233页）
» 时令新鲜的甜味灌木花朵 适量（丁香、海棠果、黑樱桃、黑洋槐和紫藤花等）
» 丁香甜浆 适量（见第233页）
» 云杉树胶醋，放入小型喷瓶里（见第228页）

草莓和乳汁草

牛奶雪芭、与莳萝一起压制过的草莓、腌草莓汁和腌乳汁草尖。

制作腌草莓汁

将草莓清洗干净并摘掉草莓蒂，充分榨汁后称量草莓汁的重量。称量草莓汁重量2%的盐，放入草莓汁充分搅匀后，倒入一个不和食材发生反应的容器里，盖上2层纱布和一个不密封的盖子。将这盆草莓汁在阴暗的地方放置1周。之后用极细密网过滤一遍，冷藏备用。

制作压制草莓

起一口锅，开中火，将腌莳萝花的腌泡水、水和糖倒入锅中，并搅拌溶解均匀。随后离火，让这锅糖浆室温冷却。

在流动冷水下清洗草莓后轻拍干，均匀地将草莓分装入4个真空袋中，倒入几勺上述制好的腌莳萝花糖浆，并高压密封真空袋。随后打开密封袋，过滤分开草莓和袋里的汁水，将草莓冷藏，汁水留存，备用。

呈盘

提前将雪芭放入帕克婕万能磨冰机中搅拌充分，冷冻1小时20分钟。

用刀将草莓纵切一分为二，并重新放入之前保存下来的汁水中。将牛奶雪芭挖成橄榄球形，放在冰冻过的碗盘中央。用一个稍小一点的勺子，在橄榄球形的牛奶雪芭顶部压一个凹槽出来，在凹槽中放入10～12颗切好的草莓块。在雪芭周围倒入2勺腌草莓汁，任由草莓汁在碗底流动散开。再用4～5个腌乳汁草尖点缀草莓块即可。

制作4人份

腌草莓汁
» 草莓 1千克
» 盐 适量

压制草莓
» 腌莳萝花的腌泡水 500毫升（见第228页）
» 水 250毫升
» 糖 500克
» 草莓，小却精致，已熟但不能过熟 1千克

呈盘
» 生牛奶雪芭 适量（见第233页）
» 腌乳汁草尖 适量（见第228页）

蓝莓、白脱牛奶和香车叶草

用白脱牛奶做成的格兰尼达，搭配蓝莓和香车叶草。

制作白脱牛奶格兰尼达

起一口锅，将白脱牛奶、糖、葡萄糖、云杉松针叶和云杉树胶醋混合并烧开。将吉利丁片放入冷水泡软泡发，捞起并挤干水分。随后将吉利丁片放入格兰尼达的混合液中，充分搅拌溶解开。最后过滤整锅混合液，倒入一个较浅的容器里，冷冻成冰，备用。

呈盘

将冰冻格兰尼达表面的冰晶刮掉，并将冰刮碎。准备好冷藏过的碗，在每个碗里均匀放入白脱牛奶格兰尼达。在碗里，轻轻将鲜蓝莓和腌制蓝莓拌匀。在碗里空白处铺上拌匀的蓝莓。在格兰尼达上撒上适量香车叶草，并最后滴上几滴香车叶草油即可。

制作4人份

白脱牛奶格兰尼达
» 白脱牛奶 350毫升
» 糖 75克
» 葡萄糖 32克
» 云杉松针叶 20克
» 云杉树胶醋 30毫升（见第228页）
» 吉利丁片 1片

呈盘
» 当季蓝莓，个小但硬实 80克
» 腌制蓝莓，用上一季的新鲜蓝莓腌制 80克（见第228页）
» 香车叶草 适量
» 香车叶草油 适量（见第230页）

白桦木和松茸

有着白桦木和松茸风味的冰激凌，搭配温热的香车叶草糖浆。

制作松茸糖浆

起一口锅，加入水和黑糖并煮开，一边搅拌一边加入松茸。随后将火调到最低，并熬煮4小时，以便让风味充分释放却又不至于将锅里的水熬煮太干。随后用极细密网过滤，并放入香车叶草浸泡出风味。冷藏备用。

呈盘

将白桦木冰激凌放入帕克婕万能磨冰机中搅拌充分，随后放入冷冻室冷冻1小时20分钟。

加热松茸糖浆。在装盘的碗中央，放入1勺成圆形的白桦木冰激凌。用一个稍小的勺子，在冰激凌顶部压出一个微凹的形状。在凹陷处，倒入温热的松茸糖浆。像叠瓦片一样，将鲜松茸薄片在冰激凌顶部环绕叠放。最后撒上少量香车叶草、几滴白桦木油以及海盐花片即可。

制作4人份

松茸糖浆
» 水 700毫升
» 黑糖 500克
» 鲜松茸，可随意切碎 300克
» 鲜香车叶草 15克

呈盘
» 白桦木冰激凌 适量（见第233页）
» 鲜松茸菇，用切片器擦成薄片 适量
» 小片香车叶草 适量
» 白桦木油 适量（见第230页）
» 大片海盐花 适量

白桦木和灰喇叭菌

有着白桦木风味的冰激凌，搭配糖制过的灰喇叭菌、灰喇叭菌糖浆以及香车叶草。

制作灰喇叭菌糖浆

起一口锅，加入水和黑糖并煮开，一边搅拌一边加入干灰喇叭菌。随后将火调到最低，并熬煮3小时，让风味充分释放，却又不至于熬干锅里的水。之后用极细密网过滤，并放入香车叶草，浸泡出风味。冷藏备用。

制作糖制灰喇叭菌

将灰喇叭菌对半撕开，并将杂质、泥土等清洗干净。最后将这些蘑菇平坦地放在风干垫上彻底晾干，需要约3小时。

预热烤箱至160摄氏度（燃气烤箱3挡）。

起一口锅，将糖和水加入并煮开，随后离火并放置至完全冷却。在烤盘底部垫上硅胶垫，把晾干的蘑菇浸入糖浆中，夹起并甩干多余的糖浆，并将蘑菇一一整齐地摆放在烤盘上，入烤箱烤6分钟。

呈盘

将白桦木冰激凌放入帕克婕万能磨冰机中搅拌充分，随后放入冷冻室冷冻1小时20分钟。

加热灰喇叭菌糖浆。挖1勺圆形白桦木冰激凌，放入盘子的中央。撒上糖制灰喇叭菌，并放入几片灰树花菌，以及几片香车叶草和若干芥末叶花。在冰激凌球的周围，倒入2勺温热的灰喇叭菌糖浆。最后加入几滴白桦木油和几片海盐花即可。

制作4人份

灰喇叭菌糖浆
» 水 800 毫升
» 黑糖 500 克
» 干灰喇叭菌 200 克
» 香车叶草 15 克

糖制灰喇叭菌
» 鲜灰喇叭菌 700 克
» 糖 200 克
» 水 200 毫升

呈盘
» 白桦木冰激凌 适量（见第233页）
» 灰树花菌，撕成小瓣 适量
» 小片的香车叶草叶 适量
» 白桦木油 适量（见第230页）
» 大片海盐花 适量
» 芥末叶花 适量

茶点

鸡油菌粉包裹软糖，再插上云杉针叶，用瑞典潘趣酒和酸面包调味的焙烤白巧克力、用黄油和糖翻炒过的血做成松露糖并以玫瑰果调味。

鸡油菌云杉叶软糖

制作鸡油菌粉

将干鸡油菌放入食品搅拌器里打碎至粉末状，并与麦芽粉搅拌均匀。

制作鸡油菌云杉叶软糖

用香料研磨器将干鸡油菌磨成细粉。取一个小锅，放入高脂奶油、黄油、云杉针叶和鸡油菌粉。加盖煮开后，关火静置30分钟，以尽量萃取风味。之后用细筛网过滤，并将过滤出来的鲜奶油倒入一个大一些的锅里，加入红糖和盐，开中火加热。加热过程中不断用打蛋器搅拌，沸腾后继续煮8分钟，将这盆软糖原料倒入一个耐热的容器，待其冷却并凝固成形，需要约4小时。

呈盘

以6克为一份挖出软糖，将它们滚成标准的圆球形并裹上鸡油菌粉。放入冰箱保存，装盘前需在常温环境下先静置几分钟回温。

制作50人份

鸡油菌粉
» 干鸡油菌 40克
» 麦芽粉 10克

鸡油菌云杉叶软糖
» 干鸡油菌 10克
» 高脂奶油 200毫升
» 黄油 130克
» 云杉针叶 6克
» 红糖 340克
» 盐 1克

呈盘
» 鸡油菌粉

白巧克力和瑞典潘趣酒

制作酸面团

在一个碗中加入两种面粉和水，搅拌均匀，并用纱布盖上，在一个温热、黑暗的地方放置3天发酵。

制作酸面团粉

在一个搅拌机中将酸面团酵母、面包屑和白醋搅拌均匀。将混合物薄且均匀地铺放在4张风干垫上。用一整夜风干。随后将酸面团片打碎并放入搅拌机中搅拌粉碎。最后将酸面团粉用细筛过滤一遍。

制作烤白巧克力

起一口中型大小的锅，开中火，把巧克力和奶油一起放入锅中融化，其间需一直搅拌。当巧克力完全融化后，将锅里的融化物每静置3秒搅拌1次，让巧克力在锅中可以轻微地焦糖化。持续"烤"巧克力直到它的颜色稍微加深，并有一部分焦糖色的块状物。离火，持续搅拌并加入潘趣酒。在一个托盘里垫好保鲜膜，将整锅烤好的白巧克力倒入其中并彻底冷却。

呈盘

以6克为一份，切分白巧克力。将白巧克力搓成正圆形，并将其沾上酸面团粉。随后放入冰箱冷藏。在上菜之前，提前几分钟从冰箱里将巧克力拿出回温即可。

制作50份松露巧克力

酸面团
- » 通用面粉 150克
- » 全麦面粉 150克
- » 水 320毫升

酸面团粉
- » 酸面团（上述材料制成）
- » 鲜面包屑，去掉面包壳 250克
- » 白醋 60毫升

烤白巧克力
- » 白巧克力 300克
- » 奶油 75毫升
- » 帆船牌瑞典潘趣酒（Kronan）21毫升

呈盘
- » 酸面团粉（上述材料制成）

猪血松露糖和玫瑰果

制作猪血松露糖

起一口锅，加入猪血、黑糖、黄油、蜜糖和盐。开中火熬煮，并持续搅拌，直到划开混合物时能看到锅底，大约需要4分钟。随后用细网筛一遍并将其放入一个合适的容器里彻底冷却。

呈盘

以6克为一份的标准舀出猪血松露糖。将每份糖滚成正圆形并沾上玫瑰果粉。冷藏备用，可随时装碟。松露糖最多可以存放1天。

制作50份松露糖

猪血松露糖
- » 鲜猪血 110毫升
- » 黑糖 195克
- » 黄油 155克
- » 蜜糖 15毫升
- » 盐 1克

呈盘
- » 玫瑰果粉 750克（见第233页）

食物储藏

本书中大部分食谱都需要各种糖渍、发酵、腌泡或腌制保存的储存类食物。这一章会分享一些保存食材的基本流程。即便是很简单的技巧，也是aska餐厅经过长期实践、精挑细选并一直都在使用的食物处理技巧。这些储存食材在本书中有很多简单基本的示例和变通，而且它们都适用于下述的基本技术。

醋和腌泡

在调味的时候，白醋是我们首选的酸味调料。我们会将白醋进行不同食材的浸泡，取它的酸味，或用白醋作为腌泡食材的媒介。

腌泡食材的时候，一般用1:1的白醋和白砂糖制作腌泡汁或者用纯白醋腌泡食材。

其中至关重要的是，需要将浸泡的食材彻底清理干净。在适合腌泡食物的容器里放入大约¾容量的食材，然后倒入腌泡汁以淹没食材。戴上干净的手套，将塑料保鲜膜紧贴在腌泡食材的表面。随后倒入更多腌泡汁以浸泡保鲜膜。最后用密封盖封住容器。最后将这罐食材放在阴凉的地方腌泡，不同食材需要的时间略有不同：有些腌泡1周开始散发美味，有些则需要更长的时间。

通用风味香醋食谱

将水果或可食用的鲜花和醋一起倒入合适的容器中，密封冷藏保存2周。

随后用纱布套上过滤网，过滤溶液，以去除浸泡残渣。

材料比例
» 新鲜可食用鲜花 100克或新鲜水果 500克
» 醋（根据自己偏好选择）1000毫升

通用腌泡方法

在冷凉的溶液中腌泡新鲜食材能得到最好的效果。用手持搅拌机或打蛋器将糖在白醋中彻底溶解，注意不要让溶液温度升高。再将其倒入已经装好食材的容器里，冷藏浸泡2周。

如洋甘菊或接骨木花的干花，最好是先在煮热的腌泡汁里浸泡一段时间。起一口锅，一边加热醋汁一边倒入糖并将其溶化。随后将加热的腌泡汁倒入放好食材的容器里。在室温中让其彻底冷却后，再放入冰箱浸泡2周。

材料比例
» 干花或水果 100克
» 白醋 500毫升
» 白砂糖 500克

腌泡洋姜

把干净的洋姜放在合适的容器里（不会和任何食材发生额外的化学反应）。

烤箱设定175摄氏度（燃气烤箱4挡），将黄芥末籽放入烤箱烤至香脆。将烤好的黄芥末籽连同白醋和糖一起倒入锅中煮到滚沸。随后将滚沸的腌泡汁倒在洋姜上，室温晾凉。随后在冰箱冷藏腌泡2周，即可使用。

材料比例
» 中等大小的洋姜，刷洗干净 500克
» 黄芥末籽 20克
» 白醋 400毫升
» 白砂糖 400克

腌鲱鱼

冲洗鲱鱼。将它们摆放在清洗消毒过的容器里。将盐放入3升水中溶解均匀，再将盐水倒入装好鲱鱼的容器里，盖过鲱鱼。让鲱鱼在盐水中冷藏浸泡2周。

2周以后，将鲱鱼从盐水中取出，再次将它们摆放进适合腌制的清洗消毒过的容器里。起一口锅，倒入白醋、剩余的1.5升水和糖，煮开。加入野胡萝卜花后，迅速关火并隔冰水冷却。随后将完全冷却的腌泡汁倒在鲱鱼上，放入冰箱冷藏腌泡至少2天后方可使用。

材料比例

» 鲱鱼，去内脏且清洗干净 8条
» 水 4.5升
» 盐 600克
» 白醋 1.5升
» 白砂糖 1千克
» 野胡萝卜花 2顶

保存、盐水浸泡以及发酵

在不同比例的盐水中浸泡食材可以达到保存食材或是发酵的作用。按水的重量分别加入2%、3%或6%的盐制作腌泡盐水，可以用于不同的食材以达到不同的腌泡效果。比如说，只做一个2%含盐量的盐水，需要20克盐和1升的水。这个基础盐水几乎可以用在任何需要盐水腌泡的情况。

盐水中盐的比例取决于需要腌泡的食材。比较坚固结实的食材比如胡萝卜、卷心菜和其他类似的蔬菜，在2%盐水里浸泡可以发酵。这些食材的特性也决定了它们可以在盐水中浸泡更长时间并缓慢发酵。一些叶类食材（比如椴木叶或黑醋栗叶）在3%盐水里可以浸泡出很好的效果。

快速发酵可以让食材质地被破坏之前释放出风味。也正因如此，比较柔嫩的食材比如浆果和花类，需要用6%的盐水，这可以让比较柔软的水果，比如醋栗和鹅莓，在腌泡的时候保持紧致的口感。花类，比如紫藤花、洋槐花、茱萸等，它们天然柔软的质感会被保存下来。

总而言之，这是一些最基本的方法，在你发酵、浸泡的时候可以尽情用不同方法发掘食材的风味。

其中非常重要的是，盐水浸泡的食材必须彻底清理干净。同时盐水必须是彻底冷却的状态下才可以和食材混合进行浸泡或发酵。用手持搅拌机可以帮你将盐彻底溶解在水中又避免了盐水被加热。

发酵的基本知识

在一个适合发酵（不与食材发生化学反应）的容器内，放入¾容量的食材。倒入盐水盖住食材。戴上干净的手套，将塑料保鲜膜紧贴在盐水和食材的表面。随后倒入更多盐水以淹没保鲜膜。盖上密封盖。

随后将容器放在阴凉处保存，时间根据不同食材等有所变化：大部分发酵需要一整个月的时间来释放出适合的风味，有些食材最佳的风味需要若干年的时间来浸泡获得。在这漫长的时间里，食材会经过一轮又一轮的发酵来获得不同的质感风味，复杂度也在不断变化。

油

油对于一道菜或酱汁的完成至关重要。大多数油都需要冷萃一段时间。用香车叶草、绿刺柏、苦艾、胡萝卜头、椴树叶、金盏花、丁香、旱金莲制成美味的冷萃油。除了香草和花，类似红海藻或者巨藻等海草，或者桦木、云杉木，也能制作成美味的油。

非常重要的是，每一种放进油里冷萃的食材都务必要清洁干净。

冷萃油

在一个适合冷萃（不与食材发生化学反应）的容器内放入¾容量的食材，倒入无味食用油覆盖食材，戴上干净的手套，将塑料保鲜膜紧贴在油表面，随后倒入更多油盖住保鲜膜，最后用盖子密封容器。

将冷萃油存放在阴凉且完全黑暗的地方。大部分冷萃油需要1个月时间可以达到很好的风味，而有些食材需要冷萃好几年的时间。

材料比例
» 新鲜香草、水果或蔬菜 适量
» 无味食用油，用来覆盖食材 适量

调和油

在用到新鲜香草的时候，在沸水里焯10秒钟然后马上放入冰水中冷却。挤干香草上的水分并加入无味食用油。起一口高边锅，中小火加热，加入油，持续快速搅拌，将香草中的水分煮出来。随后迅速将油冷却，以保持油里鲜亮的颜色。

在用到干香草或菌菇的时候，将食材和油一起倒入食品搅拌机里。高速搅拌食材2分钟，直到搅拌机里的油达到了90摄氏度。

在滤网上加一块纱布，将这锅深色浓稠的油过滤，随后保存在阴凉的地方，保质期2天。

材料比例
» 香草或菌菇（新鲜的或干的）500克
» 无味食用油 1升

烟熏油

在一个铁锅中铺上大量的树枝。在一个小一些的铁容器中倒入食用油，放置在铺了树枝的铁锅中。

用喷枪点燃铁锅中的树枝，烧到产生足够的烟。用盖子紧紧盖住大铁锅3分钟，直到油的风味浓烈。

材料比例
» 香味丰富的树木或树枝（如云杉、桦木或松木）适量
» 无味食用油 适量

炭香油

将油倒入一个高边的双耳锅中。

就像要生火一样堆好一堆炭，并开始点火。当开始有火光的时候，拿出其中一块并小心翼翼地将这块炭放在油里。油会冒烟并飞溅。

将这块炭放在油里浸泡10分钟。随后移走炭块。让油彻底晾凉以后再用极细密网过滤一遍。

材料比例
» 炭 1000克
» 无味食用油 500毫升

腌制

用糖和盐制作干料来腌制肉和鱼是常用的调味和储存方式。通常说来，盐和红糖或黑糖的比例为1:1。偶尔会用到白糖。

速成腌制

将糖、盐和香料（如需）混合在一起。将其码在肉上，并腌制5分钟、25分钟或45分钟，具体腌制时间取决于食材大小，通常都是在烟熏或水煮前腌制。

材料比例
» 盐 500克
» 红糖或黑糖 500克
» 香草（如需）适量
» 动物肉 800克

干腌制

将糖、盐和香料混合在一起制作成腌料，用腌料腌肉。

当肉里的水分已经尽可能地释放出来后，让它们继续腌制1天。之后将肉取出来清洗干净，并挂在阴凉的房间里，保持空气的流动性，风干1周。

材料比例
» 盐 500克
» 红糖或黑糖 500克
» 香草（如需）适量
» 动物肉 800克

高汤

鳗鱼高汤

准备一个烧得很旺的烧烤烤架。将鳗鱼骨在高温烤架上炙烤，可以适当烤焦。将烤过的鳗鱼骨连同水和洋葱放入汤锅中。将水煮开，并将汤浓缩至一半量。随后把这锅汤过滤，起一口新锅，大火煮开。放入苔藓后关火，将苔藓在鳗鱼汤中浸泡30分钟。随后过滤高汤并冷却备用。

材料比例
» 鳗鱼骨 1千克
» 水 2千克
» 洋葱切大块 150克
» 苔藓 100克

蟹汤

烤箱预热至162摄氏度（燃气烤箱3挡）。

去掉蟹的头部，将蟹切成大块，并在冷水下冲洗干净。在锅中煎蟹45分钟。将煎好的蟹放入高汤锅中，并加水，中火烧开后再小火煮1小时30分钟。之后用极细密网过滤高汤，并急速冷却。

材料比例
» 帝王蟹 2千克
» 水 6升

蛏子高汤

起一口锅，开中火。倒入蛏子肉的边角料并不断搅拌，以防粘锅。随后关小火，让蛏子肉里的汁水尽量释放，并继续小火煎煮，直到蛏子肉完全收缩并析出了所有的汁水。加入冷水后煮开，将汤汁浓缩至一半量。随后用极细密网过滤高汤，完全冷却备用。

在一个碗里，加入鸡蛋清并将其打发至轻度成形。新起一口锅，加热蛏子高汤。迅速搅拌高汤20秒的同时倒入打发的蛋白和白醋。马上转小火。轻轻地澄清高汤。随后用极细密网过滤。将高汤冷却后，冷藏备用。

材料比例
» 蛏子肉边角料 1千克
» 水 1升
» 鸡蛋清 2个
» 白醋 15毫升

鳐鱼高汤

在汤锅中放入鳐鱼鱼骨。加入冷水，并加热至煮开，之后再煮20分钟。用极细密网过滤，快速冷却备用。

材料比例
» 鳐鱼鱼骨 2千克
» 水 5升

鱿鱼高汤

在盆中放一个滤网，把鱿鱼边角料彻底过滤干水分，将汁水保留备用。起一口汤锅，开大火。加入一点点烹饪油，倒入鱿鱼边角料翻炒。翻炒时需要不断搅动鱿鱼，直到鱿鱼炒成了亮亮的粉红色且锅里没有多余的水分。倒入之前保存的鱿鱼汁水，将锅内壁炒得稍焦的物质一起溶解。加入洋葱和水，煮开后并浓缩至2升。随后用极细密网过滤汤汁，室温冷却。

在一个碗中，加入鸡蛋清并将其打发至轻度成形。新起一口锅，加热鱿鱼高汤。迅速搅拌高汤20秒的同时倒入打发的蛋白和白醋，并在不断加热的温度下迅速让蛋白在表面成形。随后迅速关小火，以防止表面的蛋白盖被煮破。

轻轻地澄清高汤，轻柔地用极细密网过滤，注意不要破坏表面的蛋白盖。将高汤冷却后，冷藏备用。

材料比例
» 鱿鱼边角料（鱼骨、鱿鱼须、墨汁等）取自20个大只鱿鱼
» 无味烹饪油 适量
» 水 5升
» 洋葱 3个 切细末，煮高汤用
» 冷水 3.5升
» 鸡蛋清 4个
» 白醋 25毫升

乳化酱

椴树乳化酱

在食品搅拌机中加入蛋黄和白醋。开机搅拌的同时，缓缓地加入两种油以乳化酱汁，打成蛋黄酱。倒入黄瓜粉搅匀。最后用极细密网过滤，并加盐调味。放入挤压式酱料瓶中，冷藏备用。

材料比例
» 蛋黄 2个
» 白醋 15毫升
» 椴树叶风味油 150毫升（见第230页）
» 无味烹饪油 150毫升
» 烤黄瓜粉末 20克（下文将会详述）
» 盐 适量

洋姜乳化酱

在食品搅拌机中加入腌泡洋姜、腌泡盐水和蛋黄，搅打几秒钟。在搅拌的同时，缓缓地加入无味烹饪油以乳化酱汁。用极细密网过滤洋姜乳化酱，并装入挤压式酱料瓶中备用。

材料比例
» 腌泡洋姜 2块（见第228页），切大块，并取12克腌泡盐水
» 蛋黄 2个
» 无味烹饪油 250毫升

粉末

烤黄瓜粉末

将黄瓜放在带细网架上，用喷枪均匀地炙烤黄瓜皮，将所有黄瓜皮都均匀地烧成黑色。将烤黑的黄瓜皮削掉，并将黄瓜皮摆放在带孔的脱水垫上，在干燥机内整晚脱水。之后将脆的黄瓜皮用香料研磨器磨成粉。

取1根削皮后的黄瓜，洗掉这根黄瓜上所有烤焦的部分，并彻底擦干黄瓜。用切片器将黄瓜切成薄薄的圆片。将黄瓜片摆放在带孔的脱水垫上并干燥一整晚。将脆黄瓜片用香料研磨器磨成粉。

材料比例
» 英国黄瓜 3根

通用粉末食谱

将需要的浆果和菌菇等用冷水清洗，并均匀地铺放在带孔脱水托盘上。

在干燥机中开中挡脱水24小时，直到这些浆果和菌菇完全脱水烘干。

用香料研磨器将这些浆果和菌菇研磨成细粉，用网筛过滤粉末，并放入密封容器里保存。

材料比例
» 新鲜浆果 1 千克（比如蓝莓或树莓），鸡油菌或玫瑰果等

其他

白桦树冰激凌

起一口锅，倒入奶油、桦树牛奶、白砂糖和葡萄糖，不要煮沸，持续加热直到锅内的糖都溶化。将吉利丁片放入冷水中泡发，随后将泡发的吉利丁片捞出并挤干多余的水分。加入锅中的冰激凌原液，持续搅拌直到吉利丁片溶解。之后将原液冷却，随后再将其冰冻并用万能磨冰机将其搅打成冰激凌。

制作14个冰激凌球
» 奶油 600 毫升
» 桦树牛奶 200 毫升（做法见下文）
» 白砂糖 120 克
» 葡萄糖 60 克
» 吉利丁片 2 片

生牛奶雪芭

起一口锅，加入生牛奶、白砂糖和葡萄糖浆，用小火缓慢加热，溶化锅里的糖。将吉利丁片放入冷水中泡发，随后将泡发的吉利丁片捞出并挤干多余的水分。加入牛奶中，持续搅拌直到吉利丁片溶解。之后将雪芭原液冷却，随后再将其冰冻并用万能磨冰机将其搅打成雪芭。

制作14个雪芭
» 生牛奶 500 毫升
» 白砂糖 75 克
» 葡萄糖浆 38 克
» 吉利丁片 1.5 片

桦树牛奶

将桦树皮和纯牛奶倒入真空袋中并真空密封，在48摄氏度的水中浸煮一整晚。随后将桦树牛奶用极细密网过滤，立即冷却。

制作250克
» 纯牛奶 250 克
» 桦树皮 8 克

丁香甜浆

起一口锅，加入水和白砂糖搅拌加热。当白砂糖基本溶化以后，加入丁香花。待其煮开后，立马关火并让丁香花在锅里浸泡90秒。随后将这锅糖浆隔冰水冷却，不用将丁香花捞出。随后将这锅丁香糖浆倒入一个不和食材发生化学反应的容器内，低温浸泡5天。随后放入切好的柠檬片，均匀混合在糖浆里，再低温浸泡3天。将丁香甜浆过滤，并用剩余柠檬的柠檬汁以及云杉树胶醋调味。

制作8人份
» 水 500 毫升
» 白砂糖 500 克
» 丁香花 1 枝（若干朵）
» 柠檬 2 个
» 云杉树胶醋 40 毫升（见228页）

挞皮

在食品搅拌机中把干燥的巨藻打成粉末。随后用细网过滤巨藻粉末。将两种面粉、白砂糖和盐一起过筛，将冷藏的黄油切成小块并放入干料中，加入鸡蛋。随后将所有的材料揉成光滑的面团。最后加入巨藻粉末，揉均匀，并将面团冷藏。

制作8人份
» 干巨藻 100 克
» 多用途面粉 200 克
» 全麦面粉 100 克
» 白砂糖粉 30 克
» 盐 4 克
» 冷藏黄油 150 克
» 鸡蛋 1 个

索引

关于食谱需要注意的一些细节

黄油均为无盐黄油，有特别备注除外。

香草均为新鲜香草，有特别备注除外。

鸡蛋、按个头算的蔬果，比如洋葱、苹果等，默认中等大小，有特别备注除外。

所有的糖都是白砂糖，红糖皆为蔗糖红糖，有特别备注除外。

所有的奶油都是脂肪含量36%～40%的奶油，有特别备注除外（我国常见奶油脂肪含量35%左右）。

所有奶油都不应添加明胶。

所有纯牛奶默认3%脂肪含量、均质化处理、巴氏菌消毒处理，有特别备注除外。

酵母均为新鲜酵母，有特别备注除外。

盐均为细海盐，有特别备注除外。

面包糠始终是干燥的状态，有特别备注除外。

菜谱中提到的烹饪时间仅作为参考，因为每个烤箱、炉灶的情况是不同的。如果使用风炉烤箱，请按照烤箱的具体情况来调整温度。

当食谱中涉及一些可能会有些危险的步骤时，请尽可能地提高警惕，比如需要用到高温烹饪、点火、熟石灰或需要油炸的时候。尤其在油炸时，请小心油花飞溅导致烫伤的问题，最好穿长袖衣服，油炸时保证油锅一直有人看管。

有些食谱涉及生牛奶、微烹饪的鸡蛋、肉、鱼或发酵食物。这类食物不能提供给老人、婴儿、孕妇、康复期病人以及免疫力低下的客人。

在发酵食物的时候请注意，所有涉及的工具都应该保持干净。如果有任何疑问，请咨询专业人士以排除问题和风险。

在食谱中没有特别标明用量的，比如油、盐、装盘用的香草以及油炸用油，这些用量可以根据个人需要自行调节。

所有的香草、嫩芽、花以及叶子都应该在安全干净的环境里新鲜摘取。在摘取这些食材时请务必注意，这些食材需要专家鉴定了可食用以后方可放入菜肴中。

本书同时使用公制和英制。由于不是等量互换的测量方法，因此请始终遵循一个测量基准，而非混合测量。

除非另有说明，否则所有汤匙和杯子的尺寸均为平平的1勺。其中，1茶匙=5毫升；1汤匙=15毫升。

澳大利亚标准汤匙为20毫升，因此，澳大利亚读者在进行少量测量时，建议使用3茶匙代替1汤匙。

鸣谢

在创建aska的整个过程中，以及在撰写这本书的时候，我都受到了无数人的帮助。在此，特意鸣谢:

卡特里娜（Katrina），我的妻子，事无巨细地给予我所有的陪伴。每晚都等我收工回家。你倾听我的想法，与我有针对性地争论，你有一颗宽厚的心。你是我的英雄。

莫顿·莫顿森（Morten Mortensen），感谢你的奉献，始终让aska餐厅保持着高水准的出品，你帮助我一起打造出了今天的aska。费顿（Phaidon），感谢你对这样一本书抱有的期待，即便在aska餐厅出现之前你就相信我将来会出版这样一本书。艾米莉亚·特拉尼（Emilia Terragni），感谢你给予我信任，让我有机会撰写这本书。艾米丽·塔库德斯（Emily Takoudes），感谢你给予我的能量和体贴。奥尔加·马索夫（Olga Massov），感谢你的耐心和热情。

我们的aska团队：凯文（Kevin）、麦克（Mike），威尔（Will）、迈尔斯（Myles）、克里斯（Chris）、扎克（Zac）、维罗尼卡（Veronica）、海伦（Helene）、塞尔玛（Selma）、艾利克斯（Alex）、瑞秋（Rachel）、摩根（Morgan）、艾利略特（Elliot）、约翰（John）、汉娜（Hannah）、本（Ben）、布莱恩（Brian）、泰隆（Tyrone）。

克劳斯·迈耶（Claus Meyer）相信我的每一个决定并给予投资。

克里斯蒂娜·诺尔顿（Christina Knowlton），感谢你宝贵的观点和指导意见。

玛丽安（Marianne）和克桑（Kesang），感谢你们的温暖、智慧和鼓励。

克里斯·科特（Chris Cote），感谢你为食谱提供的帮助。

加布里埃尔·梅利姆·安德森（Gabriel Melim Andersson），感谢你早前提供的帮助和支持。

我的母亲安-玛格丽特（Ann-Margreth）和我已故的父亲贡纳尔（Gunnar）分享了他们对自然植物、烹饪和烘焙的热情。我最亲爱的姨母和叔叔，布里特（Britt）和史蒂夫·塔尔（Steve Thal），他们永远在这里支持我。我的妹妹米凯拉（Michaela）和妹夫汤姆·基钦（Tom Kitchin），他们是家人，也是亲密的朋友。

感谢瑞典让我可以自由自在地探索其中。

安德里亚·根特（Andrea Gentl）和马丁·海耶斯（Martin Hyers）一起为我们拍摄了许多有趣的照片，记录下这趟旅程，并为纽约北部地区提供了支持。

感谢马可·韦拉迪（Marco Velardi）、柯伯·英（Corbo Eng）、尼尔斯·诺伦（Nils Norén）、迈克尔·英格曼（Michael Ingemann）、恩戈杜普·特辛（Ngodup Tsering）、基思·杜斯特（Keith Durst）、斯蒂芬妮·夏琳（Stephanie Charlene）、北布鲁克林的各个农场，瑞安·沃森（Ryan Watson）、亨利·斯威特斯（Henry Sweets）、Kinfolk团队工作室、托马斯·瓦格纳（Thomas Vagner），马尔科姆·别克（Malcolm Buick）、图卡·科斯基（Tuukka Koski）、安德鲁·麦吉（Andrew McGee）。

感谢前来我们餐厅就餐的每一位客人，感谢他们对我们的烹饪和服务所给予的支持和喜爱。

图书在版编目（CIP）数据

Aska北欧料理"星"浪潮/(瑞典) 弗雷德里克·贝尔塞柳斯（Fredrik Berselius）著；美国Gentl and Hyers摄影工作室摄影；魏蔚译. —武汉：华中科技大学出版社，2022.4
ISBN 978-7-5680-7923-5

Ⅰ.①A… Ⅱ.①弗… ②美… ③魏… Ⅲ.①饮食－美学－北欧 Ⅳ.①TS971.253-05

中国版本图书馆CIP数据核字（2022）第030543号

简体中文版由Phaidon Press Limited授权华中科技大学出版社有限责任公司在中华人民共和国境内（但不含香港特别行政区、澳门特别行政区和台湾地区）出版、发行。

湖北省版权局著作权合同登记　图字：17-2022-024号

Aska北欧料理"星"浪潮
Aska Bei'ou Liaoli "Xing" Langchao

[瑞典] 弗雷德里克·贝尔塞柳斯（Fredrik Berselius）著
美国Gentl and Hyers摄影工作室　摄影
魏蔚　译

出版发行：华中科技大学出版社（中国·武汉）　　　电话：(027) 81321913
　　　　　华中科技大学出版社有限责任公司艺术分公司　(010) 67326910-6023
出 版 人：阮海洪

责任编辑：莽　昱　谭晰月
责任监印：赵　月　郑红红　　　封面设计：邱　宏

制　　作：北京博逸文化传播有限公司
印　　刷：广东省博罗县园洲勤达印务有限公司
开　　本：889mm×1194mm　　1/16
印　　张：15
字　　数：76千字
版　　次：2022年4月第1版第1次印刷
定　　价：228.00元

本书若有印装质量问题，请向出版社营销中心调换
全国免费服务热线：400-6679-118　　　竭诚为您服务
版权所有　侵权必究